# 传统园林设计概论

付喜娥　主编

付喜娥　余　慧　钱　达　李　畅　著

中国建筑工业出版社

**图书在版编目（CIP）数据**

传统园林设计概论 / 付喜娥主编；付喜娥等著.
北京：中国建筑工业出版社，2024. 9. -- ISBN 978-7
-112-30399-1

Ⅰ. TU986.2

中国国家版本馆 CIP 数据核字第 2024D281F9 号

责任编辑：刘文昕　费海玲
文字编辑：田　郁
责任校对：赵　力

**传统园林设计概论**
付喜娥　主编
付喜娥　余　慧　钱　达　李　畅　著
*
中国建筑工业出版社出版、发行（北京海淀三里河路 9 号）
各地新华书店、建筑书店经销
北京建筑工业印刷有限公司制版
建工社（河北）印刷有限公司印刷
*
开本：787 毫米×1092 毫米　1/16　印张：$15^1/_2$　插页：10　字数：280 千字
2025 年 4 月第一版　　2025 年 4 月第一次印刷
定价：**78.00** 元
ISBN 978-7-112-30399-1
（43728）

# 目　录

图 3-1-3　网师园临水建筑

图 3-1-8　留园华步小筑庭院

图 3-1-9　耦园望月亭

图 3-1-10
怡园小沧浪

图 3-1-43
网师园竹外一枝轩空窗

图 3-1-35　拙政园小飞虹

图 3-2-18　留园冠云峰

图 3-5-4　拙政园得真亭楹联

图 3-5-5　网师园濯缨水阁楹联

图 3-5-6　园林刻石

图 3-5-7　藕香榭匾额楹联

图 3-5-8　雪香云蔚亭匾额楹联

图 3-5-9　沧浪亭翠玲珑楹联

图 4-1　传统园林建筑木构梁架

图 5-2-1　拙政园借景北寺塔

图 5-2-2　拥翠山庄

图 5-3-6　网师园水池东立面景观

图 5-3-24　网师园的立面层次

图 5-3-27　留园鹤所

图 5-3-39　苏州可园入口门洞与挹清堂的互看

图 5-3-48　狮子林假山

图 5-3-49　艺圃假山

图 5-3-72　狮子林建筑前植物配置

图 5-4-18　拙政园“与谁同坐轩”框景

图 5-4-52　多维点景（冷泉亭）

图 5-5-3　雪香云蔚亭

图 5-5-4　待霜亭

图 5-5-7　绿漪亭

图 5-5-8　荷风四面亭

图 5-5-9　香洲

图 5-5-10　宜两亭与别有洞天

图 5-5-14　古木交柯小院

图 5-5-15　绿荫轩处远眺

图 5-5-16　明瑟楼与涵碧山房

图 5-5-17　闻木樨香轩

图 5-5-18　濠濮亭

图 5-5-19　曲溪楼

图 5-5-20　五峰仙馆

图 5-5-21　石林小院

图 5-5-22　林泉耆硕之馆

图 5-5-23　又一村

图 5-5-24　至乐亭

图 5-5-28　沧浪亭借水

图 5-5-29　沧浪亭观鱼处

图 5-5-30　沧浪亭复廊

图 5-5-31　沧浪亭

图 5-5-33　个园春山

图 5-5-34　个园夏山

图 5-5-35　个园抱山楼

图 5-5-36　个园秋山

图 5-5-37　个园冬山

图 5-5-39　寄畅园祠堂

图 5-5-40　寄畅园八音涧

图 5-5-41　寄畅园锦汇漪和嘉树堂

图 5-5-42　寄畅园知鱼槛

图 5-5-44　瞻园北假山

图 5-5-45　瞻园南假山

图 5-5-46　瞻园延辉亭曲水

# 第一章　绪论

第一节　园林

第二节　世界三大园林体系

第三节　园林发展的四个阶段

第四节　中国传统园林简史

中国幅员辽阔，960 万平方公里，横跨几个气候带，在这广袤的土地上，孕育出了极为丰富多彩的自然地貌景观：巍峨雄壮的高山、浩瀚无垠的沙漠、一望无际的平原、奔腾不息的江河、浩淼润泽的湖海……各种特殊地质地貌：岩溶、黄土、花岗岩、石英砂岩……以及全国各地名胜风景：甲天下之桂林山水、雄奇险之华山、奇秀甲于东南的武夷、幽之青城，及以奇松、怪石、云海、飞瀑四绝著称于世的黄山等。

在人类文明史上，中国是一个延续五千多年历史悠久的文明古国，创造出辉煌灿烂的古典文化。中国古典园林这一博大精深的文化体系是一颗瑰丽的明珠，凝缩了中华文化精髓，彰显了华夏民族灵气。

中国古典园林以其独特的民族风格和高超的艺术成就闻名于世，被学界公认为风景式园林的渊源，在它的漫长发展历程中，不仅影响着亚洲汉文化圈内的朝鲜、日本等地，甚至影响了欧洲。英国植物学家威尔逊称“中国是世界园林之母”。

而在我国钟灵毓秀的江南地区，滋生出蕴含诗情画意的文人园，被列为世界文化遗产。江南传统园林蕴涵哲学、宗教思想，以及山水诗、山水画传统文化艺术精粹，凝聚了江南地区知识分子和能工巧匠的智慧与勤劳。

## 第一节　园　　林

### 一、园林的概念

人类生活在大自然中，是大自然的一部分，人类从其诞生之日起就作用于大自然。千百年来，人们在自然山水中不断地利用自然、改造自然。随着社会不断发展，文明程度不断提高，人类从原始的通神求仙到认知自然，从以狩猎和采集等方式获取生活资料起，到建立以观赏游乐为主的人工园林，从单纯以物质生产为目的到为了满足人们对自然的精神审美以及生理心理方面的各种需求结合起来作用于自然。从简单到繁复、从低级到高级，人类为满足自己的需求，不断通过劳动改造自然、创造新景观。因此，园林是人类创设的“第二自然”。

文字是文明社会的标志，从有关园林文字的字源上亦可略窥早期园林的一些情况。从最初字源解释园林：中文“園”字，“口”者，围墙也，外围方框代表一定地段范围的界限或墙垣；“土”形似屋宇平面，代表庭榭；“口”字居中，意为水池；“衣字底”在下，似石、似树。园林布局看似变幻无穷，实则全含于“園”这个字形中。

西方文字如拉丁语系的 Garden，Garden 源自古希伯来文，由 Gen 和 Eden 组合而成，前者意为界墙、藩篱，后者为乐园，是《旧约·创世纪》中所提到充满花草树木的理想的生活环境，“伊甸园”。

园林是指在一定地域范围内，运用工程技术及艺术手段，通过改造地形、营造建筑、掇山、理水、种植树木花草和布置园路等途径规划、设计、保护、建设、改造地貌以及通过管理户外自然和人工境域，创造出的优美自然环境和游憩境域。

## 二、中国传统园林的类型

按照园林隶属关系，中国传统园林主要分为三类：皇家园林、私家园林和寺观园林。皇家园林是属于皇帝个人和皇室所有的园林，称为苑囿、宫殿、苑、御苑、宫苑等；私家园林属于民间的贵族、官僚、缙绅所私有，称为园墅、园亭、山庄、池馆、草堂、山池、别业等，江南传统园林是私家园林的典型代表；寺观园林即佛寺与道观附属园林，包括寺观内部庭院和外围园林。

皇家园林、私家园林、寺观园林这三大类型是中国古典园林造园活动主流，是中国古典园林艺术精华。其他非主流园林类型，如衙署园林、书院园林、祠堂园林、会馆园林等与私家园林无大的区别。公共园林大多数是自发形成，具有开放性的特点。但皇家园林与私家园林是最成熟，也是最典型的两个类型。这两个类型作为中国古典园林精华荟萃，无论在造园思想和技术方面都足以代表中国古典园林的辉煌。

## 三、中国传统园林的特征

中国传统园林在三千多年的不断发展中，形成了独特的风格特征。

### （一）源于自然高于自然

古典园林合理利用山石、水体、植物、建筑等要素有意识地改造加工，把一山一水、一花一草通过象征比拟放置到园林之中，既体现自然、忠于自然本相，又体现闲情雅趣。达到“虽由人作，宛自天开”的意境。

### （二）诗情画意

中国古典园林与诗词、绘画同步发展、彼此渗透、互相影响。中国古典园林自宋朝起，受到文人山水画的影响，造园从山水画中取景，空间营造以体现自然山水为宗，充满诗画情趣，最大程度给人返璞归真、静怡抒情的体验。

### （三）意境蕴涵

中国古典园林讲究意境，意是主观理念，境即客观景物。古典园林先设定意境，借助于人工技法把大自然山水风景摹拟于咫尺空间，借助园林设计要素所形成的物境表现意境，最后通过匾、联、刻石、景题等文字“点题”。创作者把意与境结合，设计理念、个人感情熔铸于客观景物中，引发观赏者情感共鸣，“以形会意”。

## 第二节　世界三大园林体系

园林是地区历史和文化的载体，人类智慧的凝聚。社会、政治、历史、文化、艺术、宗教、生活、地域特征的不同，决定了世界各民族的审美不同，人们采取不同的理解自然、利用自然的方式营建园林这片人工化的自然。

世界各国园林经过发展形成了风貌各异的园林艺术，从地域角度可以分为东方园林、西亚园林（伊斯兰园林）和欧洲园林。

### 一、东方园林

东方园林以中国、日本、朝鲜园林为代表，以自然山水为核心。中国起源最早，日本园林吸收中国园林思想后衍生出“禅”宗园林，枯山水便是典型代表，特点是让人自身保持“静”的状态，以“心”看待外界，旁观自然，在静坐冥想时产生情感共鸣。枯山水具有高度的艺术感染力。

### 二、西亚园林（伊斯兰园林）

西亚园林以古巴比伦、古波斯、古埃及园林为代表，主要依附于住宅的庭园，规划布局、景观设计蕴含浓烈的伊斯兰宗教文化，采取方直的规划、齐整的栽植和规则的水渠，建筑封闭，布局简洁，风貌严整。伊斯兰园林模拟伊斯兰教天国的布局形式，代表着伊斯兰教徒对于天堂的向往与追求。古波斯“天堂园”是此类园林的代表。园林四面围墙，庭院中以喷泉、水池为中心划纵横交错的十字形水渠，如同《圣经》中的伊甸园一样，水流流向类似伊甸园中的水、酒、乳、蜜四条水渠，四周围着柱廊和敞开的厅堂，名花异卉资源丰富，植物花卉色彩斑斓。

### 三、欧洲园林

欧洲园林以古埃及、古希腊为源头，以修整过的几何式环境为主。在文艺复兴运动影响下最终形成了两类流派：几何规则式与自然风景式。

几何规则式以几何构图为主，以意大利台地园、17 世纪下半叶勒诺特尔法国古典园林为代表。几何式通常依地势而建，有中轴线，整体气势恢宏、对称、均衡，装饰华丽。

自然风景式则以英国自然风致园为代表。宽广草地、自然树木、青青湖畔，这个时期的园林有曲折步道、蜿蜒河岸线、大面积静水，风景柔和精美、柔和典雅。

风格迥异的世界园林，无论是古典秀丽的东方典林、雄伟壮丽的欧洲园林，还是风格独特的西亚园林，都是人类智慧的结晶，园林史上的宝藏。

## 第三节　园林发展的四个阶段

园林是人类文明的重要载体。纵观古今，在人类社会历史长河中，人类通过劳动作用于自然界，引起自然界的变化，形成“第二自然”——园林，其发展可分为四个阶段：上古时期、农耕时期、工业革命后、后工业时代。

### 一、上古时期

人类社会原始时期，人类依赖于大自然，对自然充满恐惧、畏敬和崇拜心理，把自然现象当作“神灵”的指示。此时人类尚处于群居的原始聚落方式，使用的劳动工具十分简单、生产力低下，主要通过狩猎和采集获取生活资料；人对自然主观能动地改造很少，只是被动适应，在早中期原始社会阶段没产生园林。后期出现原始农业公社，聚落附近出现种植场，用于生产需求，已接近园林雏形。

## 二、农耕时期

古代亚洲、中美洲和非洲部分地区首先发展农业，人类进入了农耕时期，贯穿了奴隶社会和封建社会的漫长时期。农业产生是人类历史上的首次重大技术革命，人们按照自己的需要进行农作物栽培、驯养禽兽、兴修水利、开采矿山等，人类开始主动开发利用土地资源和改造自然。

人类文明不断发展以及生产力进一步发展，产生了国家组织、城市、集镇及阶级分化，相应的物质水平提高，科学技术进步，精神文化需求增长，促成了造园活动的广泛开展。此阶段园林经历了萌芽、成长、兴盛的过程，丰富多彩的地方特色园林逐渐成形。此时大部分园林都是为王公贵族等统治阶级服务，他们通过建设宫苑、宅院提升户外生活品质，平民百姓则享受名山胜迹、开敞空间等。这一时期造园工作者主要为工匠、文人和艺术家。

## 三、工业革命后

18 世纪中叶，产业革命促成工业文明兴起，人类由农业社会过渡到工业社会。工业文明崛起后，产业、技术突飞猛进，人们开始了解并逐步控制大自然。但人类对物质财富的追求，以及环境意识的薄弱，导致无计划的掠夺性开发对环境造成了严重破坏。

1857 年，F. L. 奥姆斯特德（Frederick Law Olmsted）与建筑师 C. 沃克斯（Calvert Vaux）合作，利用纽约市内约 348hm$^2$ 空地规划改造成为市民公共游览、休闲娱乐用地，世界上最早的城市公园之一——纽约中央公园因此诞生。因为奥姆斯特德的城市园林化思想逐渐为公众接受，所以“公园”这一新兴公共园林在欧美大城市流行，城市公园和国家公园成为公民平等享受自然环境的主要户外空间。

此阶段园林种类渐渐多样化，除私人园林外，还出现由政府出资经营、归政府所有，但是向公众开放的公共园林。这一阶段园林摆脱私有，转变为外向开放型，规划设计由现代职业造园师主持。

## 四、后工业时代

约从 20 世纪 60 年代开始，先进的发达国家和地区经济腾飞，人类社会从工业文明向信息社会、生态文明社会转型，进入后工业时代。虽然经济飞速发展，但是人类面临着诸如环境污染、城市膨胀、人口爆炸等日益严峻的问题，人类开始恢复和再生生态环境。后工业时代人们的物质生活和精神生活的水平大为提高，具备足够闲暇时间和经济条件休闲旅游，于是人们接触大自然、回归大自然，促进园林大发展。

此阶段园林以改善城市环境质量、营造自然环境为根本目的，应用生态学、环境科学等技术与理论，由城市延展到郊外，形成一个有机整体的生态系统。

## 第四节　中国传统园林简史

由于天然地理环境屏障，以及封建思想下的社会封闭机制，中国古典园林经历大约三千年的绵延发展，中国古典园林发展呈现为长期持续的“演进”，有兴起、繁荣、衰落过程，发展极其缓慢，但是中国古典园林的发展从未间断，随着时间的推移而日益精密、细致，趋于完善。本节主要追溯探求曾经创造过的，但有些已经长久湮灭了的中国传统园林史上的辉煌成就，探索其演进的历史脉络和发展规律，认识历史、把握当下、面向未来。

纵观园林发展全貌，中国古典园林的全部发展历史分为五个时期：生成期——商周秦汉；转折期——魏晋南北朝；全盛期——隋唐；成熟期（一）——宋到清初；成熟期（二）——清中叶到清末。

### 一、生成期——商周秦汉

生成期，即园林产生和幼年期，相当于商周秦汉。中国奴隶社会末期和封建社会初期1100多年的岁月，是古典园林的萌芽、产生和逐步成长时期。

#### （一）“囿”“台”“园”“圃”

中国古典园林的雏形起源于奴隶社会后期的殷末周初，“殷”即河南安阳小屯村、武官村一带，考古发掘“殷墟”（图1-4-1）。最早见于文字记载的是“囿”和“台”。“囿”和“台”是中国古典园林的两个主要源头，“囿”关乎栽培、圈养，“台”关涉通神、望天。

“囿，养禽兽也”。殷代的帝王、贵族奴隶主喜欢大规模在田野里狩猎，因此催生了“囿”这一园林胚胎。“囿”是围出一定地域，让鸟兽和草木生长其中，专供帝王和贵族狩猎及欣赏的地方，“囿”还兼有“游”的功能，即在囿里面进行游观活动。就此意义而言，“囿”相当于一座多功能大型天然动物园。

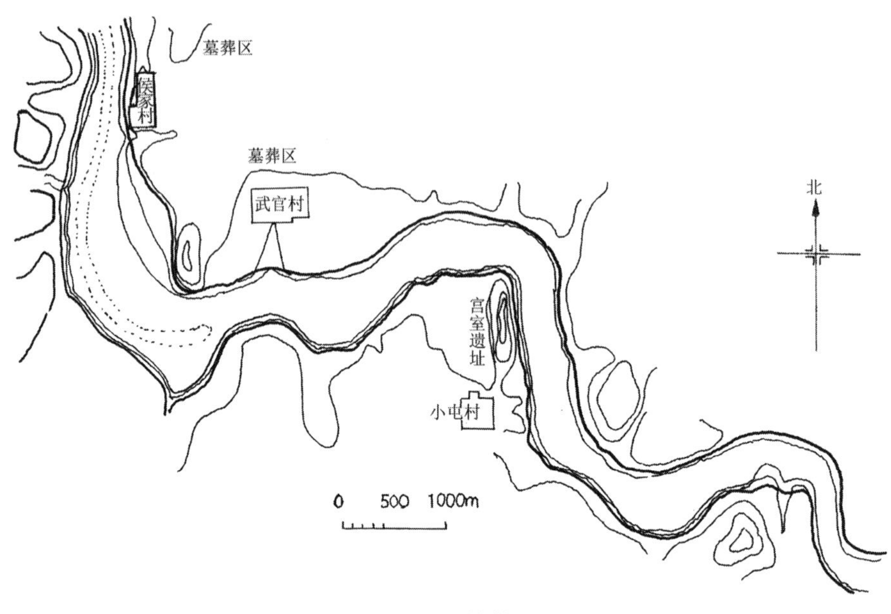


图 1-4-1 殷墟总平面图

殷、周时期，已有园圃的经营。“园，所以树木也”，园是种植树木的场地，“种菜曰圃。”

“台”的原始功能是登高以观察天文气象以及通神明，具有浓厚的神秘色彩。“台，观四方而高者……与室屋同意”春秋时期，“高台榭，美宫室”。战国时期以自然山水为主的造园风格出现，如吴王阖闾姑苏台、楚灵王章华台（图 1-4-2）等。

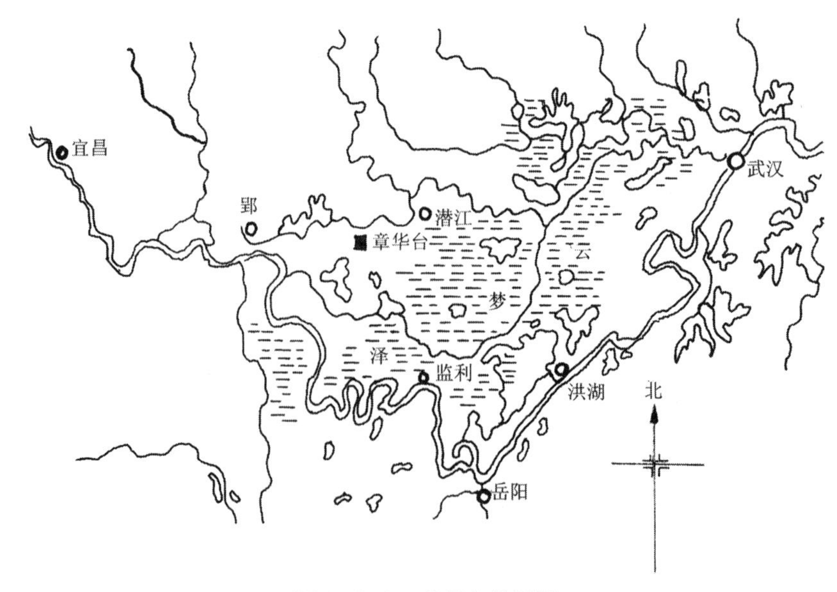


图 1-4-2 章华台位置图

圈养、望天、通神、栽培是园林雏形原初动力，生成期后期，游观功能渐渐上升，但其他原始功能一直到秦汉时期的大型皇家园林中仍然可见其端倪。

## （二）皇家园林

夏王朝建立第一个奴隶制国家，已有明显“城市化”倾向。商王朝灭夏，以“殷”为都，宫廷园林萌芽初现。商、周时期的王、诸侯所经营的园林，可统称为“贵族园林”。贵族的宫苑是中国古典皇家园林的滥觞，它们虽然尚未完全具备皇家园林性质，但其实是皇家园林的前身和最原始形态。它们之中，见于文献记载最早的两处是：商纣王主张修建的“沙丘苑台”和周文王主张修建的“灵囿、灵台、灵沼”，时间在公元前 11 世纪殷末周初。

秦始皇二十六年（公元前 221 年），秦灭六国、统一天下，建立中央集权的封建大帝国。秦、汉政体为中央集权的郡县制，是以皇权为首的官僚机构，皇家宫廷园林规模宏大、气魄雄伟。真正意义上的“皇家园林”开始出现。

秦始皇在征伐六国过程中，在咸阳北阪仿建被灭国王宫。秦代存在的短短 12 年中营建的离宫别苑有数百处之多，其中比较重要的有上林苑、骊山宫、宜春苑、林光宫、梁山宫、兰池宫等。

西汉王朝建立之初，秦旧都咸阳已被项羽焚毁，乃于咸阳之东南、渭水之南岸另营新都长安。先在秦离宫“兴乐宫”旧址上建“长乐宫”，后在东侧建“未央宫”。

西汉的皇家园林除了少数在长安城内，其余大量遍布于近郊、远郊、关中等地，大多数建成于汉武帝时期。西汉的众多宫苑之中有代表性的是上林苑、甘泉宫、菟园、未央宫、建章宫（图 1-4-3）五处，它们都具备一定的规模和格局，代表着西汉皇家园林的几种不同的形式。

## （三）私家园林

东汉时期私家园林较多，私家园林主要为建在城市及其近郊的住宅庭院、园池等，郊野的庄园也渗入了园林化经营，但是尚处于初始朴素阶段。通过出土的东汉画像石、画像砖可以了解当时园林形象。

《梁统列传》记述梁冀的两处私园——“园圃”和菟园，反映当时的贵戚、官僚营园：广开“园圃”，建置在洛阳西郊的菟园“经亘数十里”，但未见园内筑山理水记载，只着重提到“缮修楼观，数年乃成”。菟园是东汉私家园林中的精品。

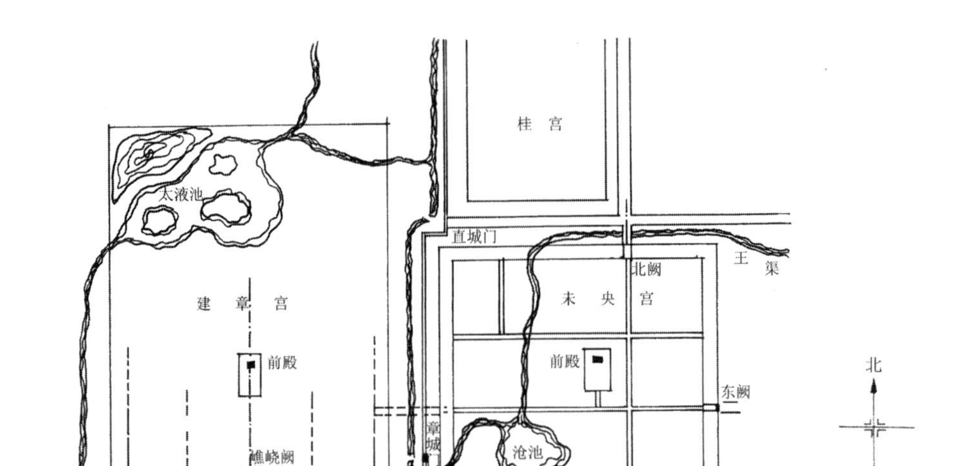


图1-4-3 未央宫、建章宫平面设想图

## 二、转折期——魏晋南北朝

转折期是魏晋南北朝。东汉末年，诸侯豪强互相征伐兼并，220年东汉灭亡，形成魏、蜀、吴三国鼎立局面。三百多年动乱分裂时期，社会秩序解体，政治、经济、文化方面都有突破性转变，政治大一统局面被破坏，从而影响儒学独尊，意识形态方面呈现百家争鸣、百花齐放局面，文化的交流与融合得以提升。

由于社会动荡不安，人们逃避现实，士人多数明哲保身，因此，“玄学”成为魏晋南北朝时期盛行于士人中的显学，“玄学”的特点是虚无玄远的“清谈”。隐逸于山水之间成为社会风尚，启迪知识分子从审美角度去亲近、理解大自然。陶渊明、谢灵运等人的山水田园诗风靡一时，于是，社会上又普遍形成了士人们的游山玩水的浪漫风习。

魏晋南北朝是中国古典园林发展史上承前启后的转折时期。园林转向以满足人本物质和精神享受为目的，并升华到艺术创作新境界。此时期园林规模由大转小，园林传统神异色彩转化为自然的审美，创作方法也由写实趋向于写实与写意相结合。

在以自然美为核心的时代美学思潮直接影响下，顾恺之、谢赫等人的山水画的发展、山水画理论和表现技巧对园林创作的整体布局、手法都起了影响作用，园林以画入园，因画成景。宗炳崇尚自然思想，好游山水，探幽寻胜，“凡所游历，皆图于壁”，他完成的《画山水序》是中国最早一篇山水画论。

### （一）皇家园林

三国、两晋、十六国、南北朝相继建立政权，在各自首都建置宫苑。其中建都比较集中的，且具有典型意义的几个皇家园林有北方邺城和洛阳、南方建康。这三个地方的皇家园林经历若干朝代更替，规划设计达到同时期最高水平。

此时期皇家园林特点有：规模较小，由山、水、植物、建筑要素综合而成，苑中营建供帝王休憩的园林建筑，园林已从模拟神仙境界转化为生活世俗题材的创作；皇家园林求仙、狩猎、通神功能转变为游赏功能，甚至成为主导功能；皇家园林开始受到民间私家园林影响，从私家园林汲取新鲜成分，个别御苑甚至由著名文人参与经营；此时期园林较多运用写意手法，结合自然色彩，形成人工园林，筑山、理水形成地貌基础。

### （二）城市私园

晋时出现山水诗，从山水中领略玄趣、寄情自然山水成为社会风尚，私家园林兴盛。城市私园多为官僚、贵族所经营，形成奢华风格和互相攀比的倾向。北方的城市型私家园林，以北魏首都洛阳各园林为代表，例如大官僚张伦的宅园，以大假山景阳山作为园林主景，表现天然山岳特征。南方城市型私家园林大多也为官僚、贵戚经营。为满足奢侈的生活享受以及争奇斗富、此类园林多格调华丽，刻意追求设计精致化。

### （三）寺观园林

佛教早在东汉时已从印度经传入中国，称为“汉传佛教”。道教开始形成于东汉。佛教、道教盛行时，作为宗教建筑的佛寺、道观大肆兴建，由城市及其近郊而渐渐外扩遍及于山野。“南朝四百八十寺，多少楼台烟雨中”，说明了寺观的盛行。随着寺、观的大量兴建，相应地出现了寺观园林这一新型园林。

寺观园林为毗邻寺观而建置的园林，包括寺、观内部殿堂庭院绿化以及郊野地带的寺、观外围的园林化环境。一些南北朝佛教徒（同时也是官僚贵族）们把自己的邸宅捐献出来作为佛寺——“舍宅为寺”风气盛极一时。

### （四）庄园、别墅

东汉发展起来的庄园经济，到魏晋已完全成熟。魏晋政权即是以庄园经济为基础建立起来的。世家大族乘混乱掠夺土地，私田佃奴制的庄园得到扩大和发展。庄园规模或大或小，一般包含庄园主家族聚落地，农业耕作地，副业生产场地和设施。别墅、庄园建在自然山水中，是后世别墅园的先型，是文人雅士们“归田园居”的精神庇护所。将自然界的真山真水纳为己有，形成天然清纯风格，蕴涵隐逸情调，影响后世文人园林的创作，例如西晋大官僚石崇经营的金谷园便是其中一例，金谷园位于洛阳西北郊金谷涧。居住聚落部分开凿池沼，水流清涧，植物配置以大片树林为主，水流穿梭于建筑之间；金谷园内的建筑形式多样，以“观”和“楼阁”居多，画栋雕梁，仍然保持着汉代风貌，在田园风光和朴素园林环境中显现一派奢华绮丽的格调。清代画家华嵒所作《金谷园图》，描绘了石崇在园内游乐的场景（图 1-4-4）。

图 1-4-4 清·华嵒 金谷园图

承前启后的转折期，中国古典园林开始形成皇家、私家、寺观这三大类型并行发展的园林体系，上承秦汉余脉，下启隋唐盛况。

魏晋南北朝时期以山水为主题的人工堆山得到了前所未有的发展，植物栽植崇尚自然，园林建筑点缀其间，初步形成风景式园林，为隋唐时期造园进入全盛期奠定了基础。

中国古典风景园林由再现自然发展至表现自然，由单纯模仿自然山水发展至概括、提炼自然特征，始终保持着“有若自然”的基调。园林由粗放转变为较细致的自觉设计，园林设计要素之间形成较为协调的关系，造园活动升华到艺术创作的新境界。

### 三、全盛期——隋唐



581 年，北周贵族杨坚建立隋王朝。618 年，豪强李渊削平割据势力，统一全国，建立唐王朝。隋唐是中国历史上极兴盛阶段，出现了前所未有的安定繁荣，是中国古代城市建设的大发展时期。

隋唐时期，中央集权，意识形态方面儒、道、释互补，但儒家仍居正统地位。唐王朝的建立开创了一个意气风发的全盛时代，皇家园林、私家园林和寺观园林都得到长足发展，中国古典园林的风格特征基本形成。

### （一）皇家园林

隋朝在短短 37 年内建设了三个都城：大兴、东都和江都，唐朝以隋朝大兴宫为都城，改名长安并对其进行大规模修建和扩充。隋唐皇家园林的建设已经趋于规范化，形成大内御苑、行宫御苑和离宫御苑三大类别。

大内御苑紧邻宫廷区，位于后面或一侧，呈宫与苑分置的格局，例如太极宫、洛阳宫、上阳宫等。但宫与苑之间往往彼此穿插，宫廷区中也有园林的成分，可见宫廷区内的绿化种植很受重视，树种也是有所选择的。如长安外廓兴庆宫（图 1-4-5），其北部为宫廷区，南部为苑林区，兴庆宫以牡丹花闻名。

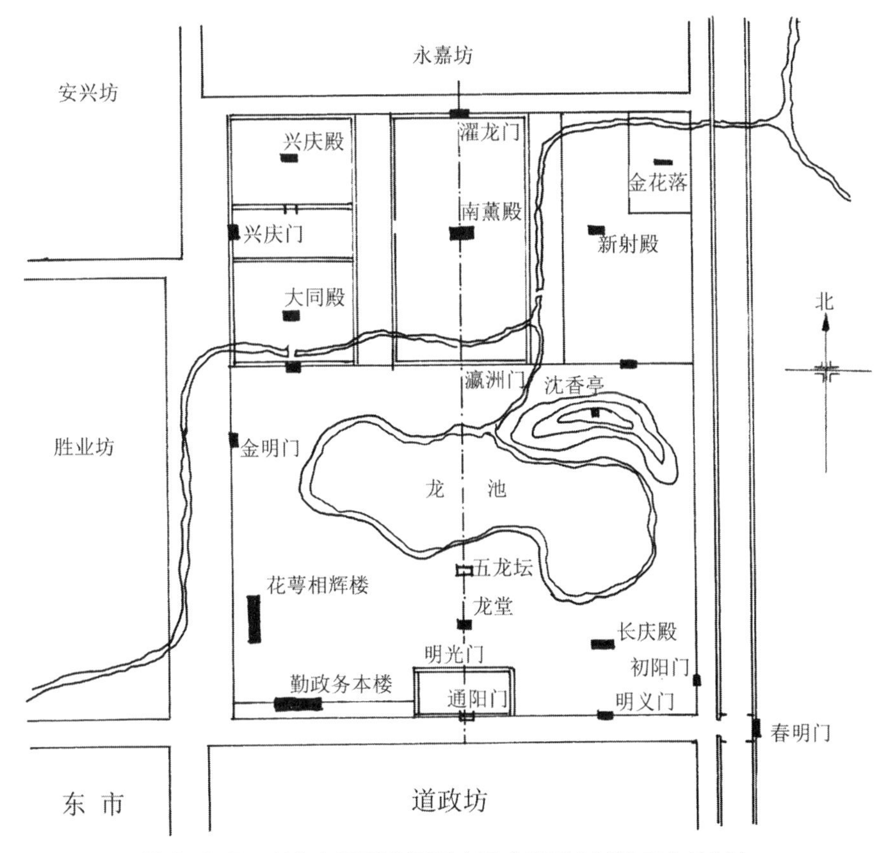


图 1-4-5 兴庆宫平面设想图（据《唐两京域坊考》绘制）

郊外的行宫和离宫，大多数都建置在风景优美的山岳地带，如终南山、骊山、天台山等，重视选择独到秀丽的基址，人工与自然和谐搭配，后来有部分发展成为风景名胜区。

郊外的宫苑，其基址的选择还要从军事的角度来考虑，有的建设地段不仅风景优美，而且是兵家必争之地，交通要道中的隘口。

隋唐时佛教与宫廷关系之密切，佛教之兴盛，使得很多修建在郊野风景地带的行宫御苑和离宫别苑被改作佛寺。

隋唐时期皇家园林的“皇家气派”已经完全形成，不仅表现为规模宏大，而且园林总体布局和细部设计处理较精致。标志着以皇权为核心的集权政治的巩固，经济、文化的繁荣。因此，出现了西苑、华清宫、九成宫等具有划时代意义的皇家园林，此时皇家园林在三大园林类型中的地位比魏晋南北朝时期更为重要。

### （二）私家园林

隋代统一全国，修筑大运河沟通南北。盛唐，私家造园的风气较之魏晋南北朝更为兴盛，艺术水平有所提高。唐代，山水文学兴旺，文人园林兴起。中唐白居易、柳宗元等人，是最具有代表性的文人官僚，他们通过园林中的丘壑林泉寻找精神寄托和慰藉。文人园林具有的雅致格调，附着文人色彩，它的出现使私家园林得以进一步发展。文人园林更侧重于通过赏心悦目的景致寄托隐逸山水的理想，陶冶性情。

唐代涌现了一批文人造园家，促进了文人园林的发展，唐代文人园林有辋川别业、浣花溪草堂等。文人园林是以“中隐”为代表的隐逸思想的外在表现，多选在山明水秀之所，如唐代画家卢鸿作的《草堂图》(图1-4-6)中所见。当时文人园林具有清新淡雅的格调，并且含蕴意境，写实与写意相结合，为宋代文人园林兴盛奠定基础。

唐人已具有诗、画互渗的自觉追求。有文献记载中唐以后以诗入园、因画成景的做法已见端倪，山水画、山水诗影响园林（尤其私家园林），诗人、画家直接参与造园，通过山水景物引发游赏者的联想，塑造朦胧的意境。唐代大诗人王维是盛唐山水田园诗的代表人物，有“诗中有画，画中有诗”的美誉。王维置辋川别业，位于唐长安城附近蓝田县辋川谷，辋川别业共有20景，以自然景观为主，有山峦为背景，林木茂密，是一座天然山地园。园内有宅室、亭馆，有意识融糅诗情、画意，如一幅自然山水画，明代画家文徵明所作的《辋川图》，就是根据王维为自己的别业所作的诗词绘画而成（图 1-4-7）。

图 1-4-6　唐・卢鸿《草堂图》之一

图 1-4-7　明・文徵明《辋川图》

这一时期画、诗、园林这三个艺术门类已互相渗透。中国古典园林的诗画情趣开始形成，隋唐园林作为一个完整的园林体系已经成型。

### （三）寺观园林

佛教和道教经过东晋、南北朝时期的广泛传布，到唐代更加兴盛。唐代统治者采取儒、道、释三教并尊的政策维护封建统治。随着佛教兴盛，佛寺遍布全国，长安是寺、观集中的大城市，寺、观建筑制度渐渐完善。

宗教世俗化带来寺观园林的普及，寺观园林把寺观本身由宗教活动的场所转化为兼有风景点缀与游览的景观。宗教建设与景观建设在更高层次上的结合，促成了山岳风景名胜区普遍开发的新局面。

（四）公共园林

唐代风景名胜区遍布全国各地，在城市近郊山水名胜之处，以自然山水为主景，建置亭、榭等建筑物作简单点缀，例如曲江芙蓉苑，是一处以自然风景为主的公共游览胜地，园内池水回环曲折，周围花木繁盛，搭配琼楼玉宇，景色优美绮丽，如诗如画。

隋唐时期，园林创作技巧迈上一个新的台阶。造园中“置石”手法的运用更为普遍，“假山”一词开始作园林筑山的称谓。除了依靠泉眼得地下水之外，园林理水更注重从外面的河渠引活水，而郊野的别墅园一般都依江临河。

隋唐园林发扬了秦汉园林大气磅礴的气势，布局上更趋繁丽、细致。这种全盛局面一直发展到宋代，终于瓜熟蒂落，进入了中国古典园林的成熟时期。

## 四、成熟期（一）——宋至清初

960 年，宋太祖赵匡胤即位后建都于后周旧都开封。北宋到清初是中国古典园林成熟期的第一个阶段。

（一）私家园林

文人园林萌芽于魏晋南北朝，发展于唐代，宋代形成私家造园活动潮流，士流园林全面“文人化”，文人园林大为兴盛。中原和江南分别为北宋和南宋政权中心所在地，私家园林兴盛，尤其是中原的洛阳、东京（今河南省开封市）两地和江南的临安、吴兴、平江等地。

宋代园林以私家文人园林为最盛。饱读诗书的文人，不仅倾心学术、文章，而且广泛参与造园，造就了宋代文人园林简约、疏朗、雅致、天然的风格。宋代园林艺术较之唐代更为成熟，风格更明显，也更受文人、画家青睐。宋人的诗词和宋画中，相当多是以园林为题材，其中包括宫苑和私家园林，宋画中描绘的园林之总体、局部或细部，均反映出园林设计的精致细密。文人园林还影响了皇家园林和寺观园林。

宋代文人园林在宋人李格非所撰《洛阳名园记》中有记载的有郑富公

园、独乐园、刘氏园、张氏园等，且有各园的布局、山水花木、建筑等详细记录。

独乐园位于洛阳，是宋代历史学家司马光为自己建造的园林。司马光《独乐园记》对此园有记载（图 1-4-8）。园林以水池为中心，池中设岛，环岛种竹一圈，有药圃、建筑点缀，园林布局疏朗开阔。

图 1-4-8　明·文徵明《司马光独乐园图》

明末清初，经济、文化发达，江南地区民间造园活动频繁，文人更广泛地参与造园。其中江南私家园林兴造数量最多，国内其他地区不能企及，扬州和苏州更是精华荟萃之地，诞生了拙政园、影园、寄畅园等经典之作，江南民间造园艺术成就达到巅峰。北京为元、明、清三代王朝建都之地，又是文人、贵戚、官僚云集之地，他们形成了强大的社会势力和文化圈。北京民间的造园家以官僚、贵戚、文人为主。园林形式或发扬士流园林的传统特色，或彰显达官显宦华靡色彩。由于气候寒冷，建筑物封闭，造园掇山一般使用北太湖石和青石，前者偏于圆润，后者偏于刚健，具有北方沉雄意味；植物也多用北方的乡土花木。此类园林有清华园、勺园等。

### （二）皇家园林

宋代皇家园林受文人园林影响，出现了接近私家园林的倾向。这种倾向冲淡了园林的皇家气派，历史上最为“文人化”的皇家园林——艮岳由此诞生。

元、明和清初时期皇家园林规模又趋于宏大，皇家气派又显现出来。

这种倾向反映了明以后绝对君权的集权政治。元代皇家园林主要集中在元大都皇城内。元代大内御苑位于宫城的北面和西面，大内御苑的主体为开拓后的太液池，沿袭历代皇家园林“一池三山”模式，最大的岛屿是万岁山（图 1-4-9）。西苑是大内御苑中面积最大的一个园林，兔园其次。

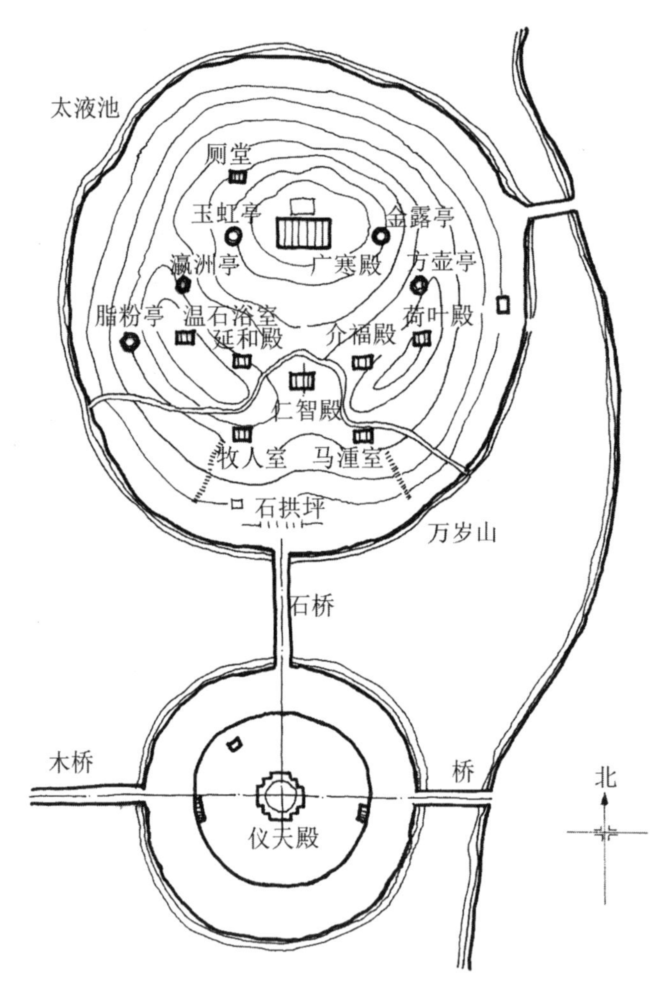


图 1-4-9　万岁山及圆坻平面图

清王朝建立高度集权统治的封建帝国，皇家园林更显宏大规模和奢华气派。康熙中后期掀起皇家园林建设高潮（图 1-4-10），兔园、景山、御花园、慈宁宫花园，仍保留明代旧观。圆明园（图 1-4-11）、畅春园、避暑山庄，是清初三座大型离宫御苑，也是中国古典园林成熟时期的著名皇家园林。

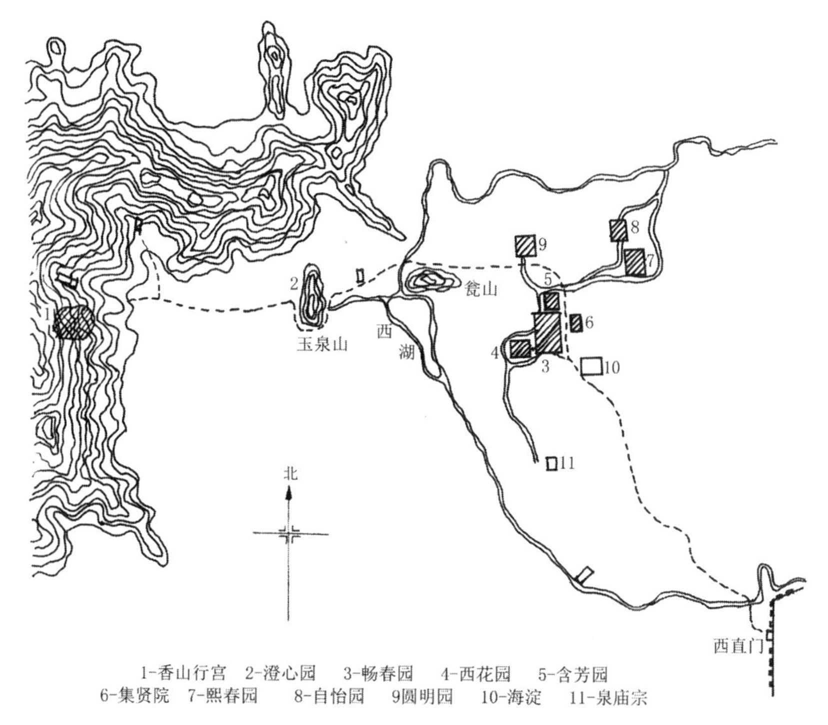


图 1-4-10　康熙时期北京西北郊主要园林分布图

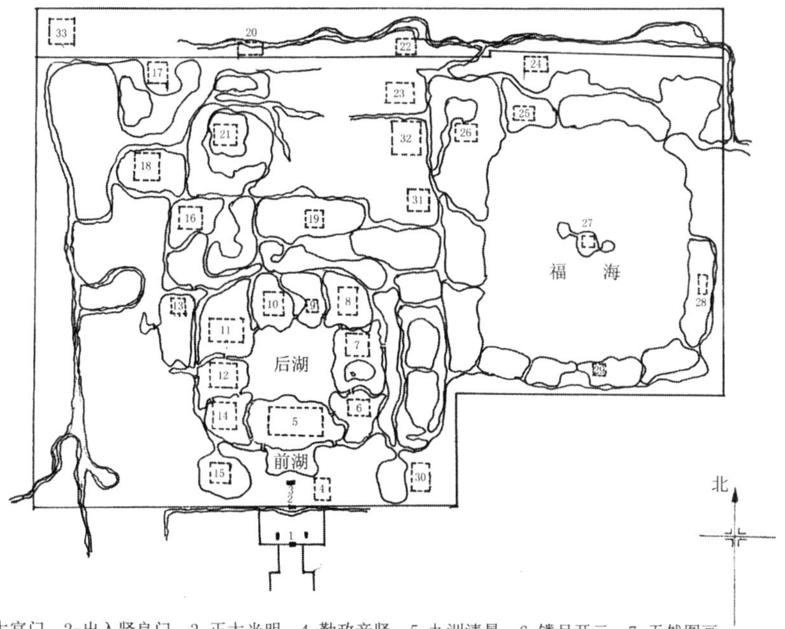


1-大宫门　2-出入贤良门　3-正大光明　4-勤政亲贤　5-九洲清晏　6-镂月开云　7-天然图画
8-碧桐书院　9-慈云普护　10-上下天光　11-杏花春馆　12-坦坦荡荡　13-万方安和　14-茹古涵今
15-长春仙馆　16-武陵春色　17-汇芳书院　18-日天琳宇　19-澹泊宁静　20-映水兰香　21-濂溪乐处
22-鱼跃鸢飞　23-西峰秀色　24-四宜书屋　25-平湖秋月　26-廓然大公　27-蓬岛瑶台　28-接秀山房
29-夹镜鸣琴　30-洞天深处　31-同乐园　32-舍卫城　33-紫碧山房

图 1-4-11　雍正时期圆明园平面示意图

### （三）寺观园林

两宋时期寺观园林由世俗化向文人化发展，文人园林的风格影响了绝大多数寺观园林，如南宋灵隐寺、净慈寺等。寺庙依山傍水，结合建筑形成园林胜地。元代以后，佛教和道教的发展已失去唐宋的蓬勃势头，但寺院和宫观建筑仍然遍布全国各地，其中位于名山风景区的占大多数。每一处佛道教名山都聚集了数十所甚至数百所寺观，大部分都保存至今。

### （四）公共园林

在某些发达地区，公共园林比较普遍，虽然不是主流园林类型，但具备开放性、多功能性。某些私家园林和皇家园林定期向社会开放，发挥公共园林职能。如南宋都城临安（今浙江省杭州市临安区）的公共游览胜地西湖，风景秀丽，围绕主景点如三潭印月、平湖秋月、雷峰夕照等，形成多种景致的大园林。

### （五）造园家与造园理论

明末清初，江南地区涌现出一大批优秀造园家。文人也参与造园，个别甚至成为专业造园家。造园经验的不断积累，使园林艺术更系统化和具有理论性。一些文人或文人出身的造园家总结了理论著作并刊行，如《园冶》《一家言》《长物志》。此外，文人关于园林的评论、见解散见于各种著述。

其中，《园冶》是中国第一部园林艺术理论专著。明末造园家计成所作，成书于明崇祯四年（1631 年），刊发于崇祯七年（1634 年）。计成，字无否，江苏吴江（今苏州市吴江区）人，生于明万历十年（1582 年）。少年即喜绘画，宗关仝、荆浩笔意，中年曾漫游北方，返回江南后定居镇江。

《园冶》是一部全面论述江南私家园林的规划、设计、施工以及各种细部处理的综合性著作。全书共分三卷，用四六骈体文写成。第一卷包括“兴造论”“园说”，第二卷专论栏杆，第三卷分别论述门窗、墙垣、铺地、掇山、选石、借景。

## 五、成熟期（二）——清中叶到清末

成熟后期为清中叶到清末，从乾隆朝到宣统朝的 170 余年，是中国古典园林发展历史上集大成阶段，取得了辉煌成就。大量这个阶段的园林实物被完整地保留下来，并经过修缮向公众开放游览。因此，一般人们所了解的“中国古典园林”，就是成熟后期的中国园林。

## （一）皇家园林

乾隆、嘉庆两朝，园林建设的规模和艺术造诣，都达到了中国古典园林后期发展史上的高峰。皇家大型园林总体规划设计有许多创新，产生了一些里程碑式大型园林作品，如堪称三大杰作的避暑山庄（图 1-4-12）、圆明园、清漪园（图 1-4-13）。

此时期皇家园林的“皇家气派”得以充分凸显出来：总体规模宏大壮观，园林内建筑数量和类型增加，建筑具有皇家风格特点。清初，皇权扩大，御苑是皇家建设重点，借助园林造景表现皇权至尊、纲常伦纪等的象征寓意。

乾隆、嘉庆之后，封建社会由盛转衰，中国历史由古代转入近现代。外国侵略军焚掠后，皇室渐衰，宫廷造园艺术趋于退化，皇家园林经历了大起大落，从高峰跌落到低潮。

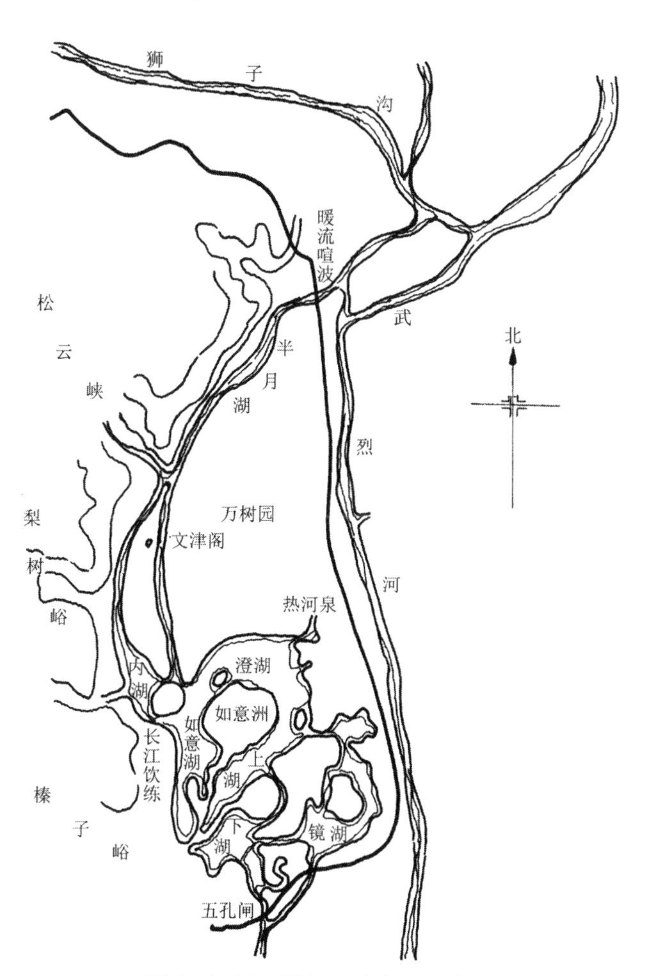


图 1-4-12　避暑山庄水系示意图

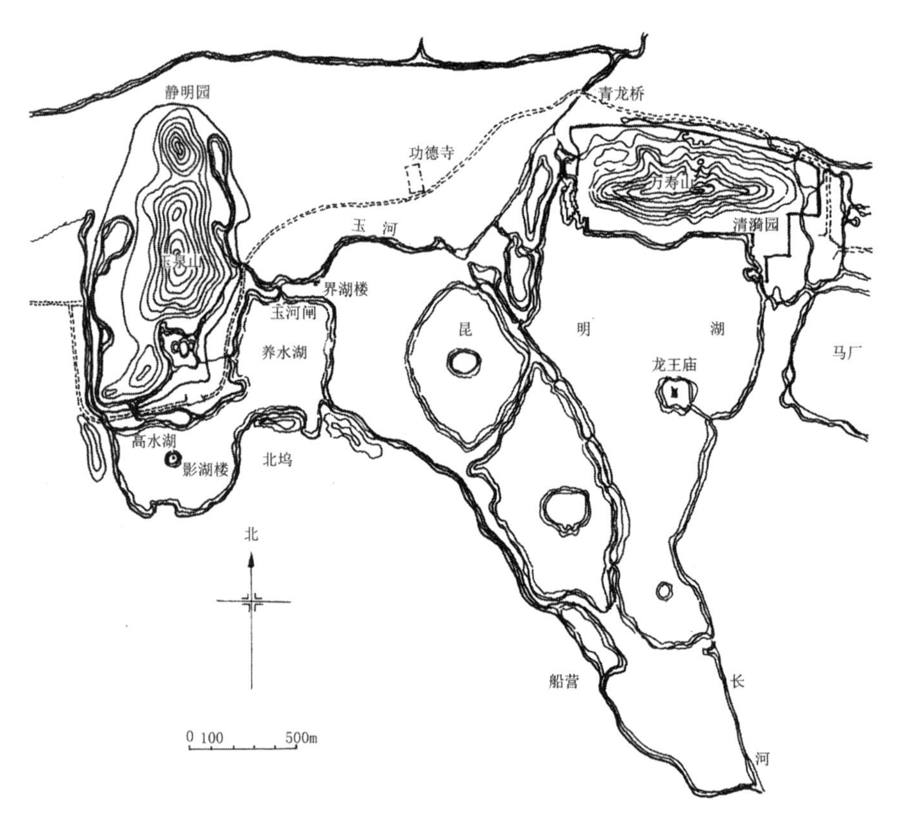


图 1-4-13 乾隆时期的清漪园及其附近总平面图

## （二）私家园林

从乾隆时期到清末，民间造园活动遍及全国各地，形成江南、北方、岭南三大成熟的地方风格，造园要素、构景手法的不同，形成了三种不同形象和特色。

江南自宋、元、明以来，一直经济繁荣、人才荟萃，私家园林建设继承前代、兴旺发达，除极少数明代遗构被保存下来，绝大多数都是在明代旧园基础上改建或完全新建。

在三种地方风格中，江南园林以其精湛的造园技艺以及保存下来甚多优秀作品而闻名，一直保持与北方皇家园林并峙地位。江南园林分布在长江下游地区，造园活动主要集中于扬州和苏州两地。大体说来，乾隆、嘉庆年间的中心在扬州，道光、同治、光绪年间则逐渐转移到苏州。

这个时期，江南造园技艺精华都集中于私家宅园，各地造园记载多见于文献，私家园林发展迅速，地域分布广，江南私家园林的布局、建筑、掇山、理水等都表现出极高的水平，集静思、观赏、游乐于一体，如苏州园林、扬州园林、金陵园林、杭州园林等，包括网师园、退思园、留园、瞻园、个园、豫园等保存或修缮重建的园林，而其中数量、质量以苏州园林为最佳。

封建社会行将解体，文人、士大夫争名逐利，追求生活享乐，“清高”的思想淡化，文人、士大夫的园林观相应地市井趣味化，园林的娱乐、社交功能提高，“娱于园”的观点似乎取代了从前的“隐于园”。私家造园由早先的“自然化”为主逐渐演变为“人工化”为主，园林由陶冶性情的游憩场所转变为多功能活动中心，甚至成为园主人炫耀财富和社会地位的媒介，其中相当多的一部分日益趋向程式化，着重于追求技巧。

北京是北方造园活动的中心。北方园林建筑的形象稳重、封闭，北京园林中的掇山浑厚凝重，既有完整的自然山形摹拟，也有截取大山一角的平岗小坂，或者作为屏障、驳岸、石矶。植物配置方面，观赏树种少，尤缺阔叶常绿树和冬季开花花木，主要以松、柏、杨、柳、榆等构成北方私园植物造景。园林的规划布局注重中轴线、对景线，形成凝重、严谨的格调。

岭南园林规模小，多数是私家宅园，建筑所占比重较大。一般为密集、紧凑的庭院和庭园的组合，建筑物平屋顶多做成“天台花园”，建筑物通透开敞程度胜于江南。理水手法多样，不拘一格，少数受到西方园林的影响呈几何式。岭南地处亚热带，因此岭南园林一年四季树木浓荫、花团锦簇，还有大量引进的外来植物。

### （三）寺观园林

寺观园林除极个别特例具有明显宗教象征性或宗教内容之外，一般与私家园林没有太大区别，只是更朴实、更简练。大多数寺观都建置附属园林，有的甚至成为当地的名园，如扬州天宁寺西园、大明寺西园等。

### （四）公共园林

明代以来，随着市民阶层勃兴、市民文化繁荣，世俗文化逐渐发展流行；到清中叶和清末，世俗文化相续发展，在小说、戏剧、绘画等艺术门类里均占一席之地，在各种消闲娱乐活动以及园林领域也彰显出来，城镇公共园林除了具有供文人和居民交往的传统功能之外，也开始与休闲娱乐相结合。

公共园林沿袭并发展了唐宋以来的传统，采取开放性布局，利用河流、湖沼成景，依托于天然水面略加处理，或者利用寺观、祠堂、纪念性建筑和与历史人物有关的名胜古迹，加以园林化处理而开辟成为公共园林，如百泉；或者将桥梁水闸等工程设施处理成简洁明快的园林。又由于市民文化勃兴，为适应市民生活习俗和实际需要，商业、服务业被引入公共园林，形成多功能、开放性的绿化空间，有几分接近现代城市园林；或农村聚落的公共园林，例如皖南徽州回乡后不仅修造自己的宅园，还修建公共园林。

### （五）造园家与造园理论

此阶段造园理论停滞不前，许多造园匠师们停留在口授心传技艺的状态，未能总结、升华为系统理论。明末清初涌现出的大批造园家也仅仅昙花一现，而唐宋以来的文人造园之风渐逝，文人涉足园林也不像早先那样结合实践。

随着国际、国内形势变化，西方园林文化开始进入中国。乾隆在位时曾任命欧洲传教士主持修造圆明园内的西洋楼，首次将西方造园艺术引进中国宫苑。沿海的一些对外贸易比较发达的商业城市，出于园主人的赶时髦和猎奇心理，私家园林多参考西方，但大多数限于局部和细部，并未引起园林总体布局变化，也远未形成中西园林文化杂糅。所以中国古典园林即使处在王朝衰落的情况下，仍然保持着其完整的体系，且在技艺方面仍然有所成就。

1911 年辛亥革命后，封建社会完全解体，受西方文化影响，中国园林产生了根本性的变化，开始进入现代园林阶段。

# 第二章　江南传统园林

第一节　江南传统园林概述

第二节　江南传统园林的发展历史

# 第一节　江南传统园林概述

## 一、“江南”的范围

广义江南：即江西、湖南、浙江全境，以及江苏、安徽、湖北、上海三省一市长江以南地区；

狭义江南：大致指苏南、浙北、皖南地区。

园林史上的江南：主要指现存园林实例较多的江南地区，涉及苏南、浙北、上海和长江北岸的扬州、泰州、宁波一线，包括苏州、无锡、常熟、扬州、宁波、绍兴、上海、杭州等城市。

## 二、环境特点

特定地域的自然环境、气候等与文化、历史、经济、政治等因素相互影响，从而形成了风格各异的园林艺术。

江南处于亚热带季风气候向温带季风气候过渡的地区，四季分明，温暖湿润，适合各种作物生长，可用作园林景观植物的品种众多。

江南境内河道纵横交错，湖泽星罗棋布，故江南园林的核心便是“水乡”。同时，江南地貌多样，素有“气聚山川之秀，景开图画之奇”的美誉，不仅是有名的鱼米之乡，还盛产太湖石及山石。

## 三、文化特点

江南地区是中国传统文化发源地之一。吴越时期，这里就有灿烂的上山、河姆渡、良渚文化。江南文化是一种诗情文化、一种画意文化、一种意境文化，有着特殊蕴意的秀美，它是中国文化的重要组成部分和地方文化的杰出代表。

江南秀丽的自然景致、多水的区域特点、温和的气候特征构成了理想的隐逸环境，江南地区素为人才荟萃之地。

在全国范围内，江南也是资本主义因素率先萌芽的地区，对外贸易、商品经济的发展促进了商业资本的积累，经济的发达促成了地区文化水平的不断提高，尚文之风居于全国之首。尚文、仕进、柔韧、隐遁，这些心理气质孕育出别致的文化氛围，江南人在人生价值取向上追求灵魂的独立自由、注重生活情趣、讲究学养和艺术品位。

江南园林“主人”的主体是隐退或致仕的文人、士大夫以及部分富商。江南文人以独特的审美情趣将道德理想融入园林山水、建筑和植物中，创造出的园林成为诗意栖居的理想家园。

## 四、江南传统园林特点

### （一）规模小

江南传统园林一般较小，占地多在一至十亩[①]，最大不过几十亩。

### （二）起源早

大约从公元3世纪以来，江南传统园林至少有1700多年的发展历史，现存实物一般为清代作品，其基础为宋、元、明时期。

江南传统园林中，以江南“四大名园”为代表，即苏州留园、拙政园，南京瞻园，无锡寄畅园。除此之外，苏州网师园、沧浪亭、狮子林，扬州瘦西湖、个园，上海豫园等都是江南传统园林的典范（图2-1-1）。

图2-1-1 上海豫园

### （三）艺术格调高雅

江南园林深厚的文化积淀和精湛的造园技巧促成了高雅的艺术格调。江南传统园林有建筑、山石、水体、植物四大要素，江南园林掇山的石料品种很多，以太湖石和黄石两大类为主。江南的气候温和湿润，花木种类繁多。园林植物以落叶树为主，配合常绿树，再辅以竹、芭蕉等植物，便能够充分利用花木生长的季节性构成四季景观不同且皆有景色。木家具、木装修、铺地、漏窗，各种砖雕、木雕、石雕、洞门、匾联，均表现出极

① 1亩约为666.7m$^2$。

高的工艺水平。江南民间建筑技艺精湛，江南园林建筑玲珑轻盈；那古朴典雅的亭台楼阁，假山峰石，飞虹曲桥，流水潺潺，花木掩映，云墙逶迤，花窗灵动，俨然一幅长轴画卷，描绘出一片宁静和谐的理想天地。

江南传统园林空间布局紧凑，大小空间嵌套，园林空间富于变化，同时为框景、对景、障景、借景等创造了更多的条件，观景流线复杂，可选择多重路线，形成动态的连续景致。

### （四）艺术水平较高

江南私家园林是中国古典园林后期的发展高峰，代表着中国园林艺术最高水平。北京地区的园林，甚至皇家园林，都在不同程度上受到它的影响。

江南传统园林是中华文化经典，积淀着中华民族最深沉的精神追求，是中华民族独特的精神标识，具有中华文化的独特魅力。

# 第二节　江南传统园林的发展历史

江南传统园林经历了萌芽、发展、成熟、鼎盛到式微的历史过程。

## 一、春秋战国时期

春秋战国时期，吴越先后称雄中原。吴国国王，尤其是阖闾和夫差两代国君，内修城池宫室，外建苑囿别馆达30多处，开江南园林之先河，为江南园林之滥觞；越王勾践也于绍兴一带广筑高台和宫城。

### （一）台

1. 姑苏台

“四方而高曰台。”（《尔雅》）春秋时，各诸侯国皆有建台之举。其中楚灵王之章华台、吴王夫差之姑苏台对园林发展影响很大。公元前504年，吴国阖闾兴建姑苏台（图2-2-1），又名姑胥台，因建于姑苏山而得名，后经夫差续建，历时5年而成。台高三百丈，广八十四丈，可见三百里，作九曲路登之。具有登高临远之胜。

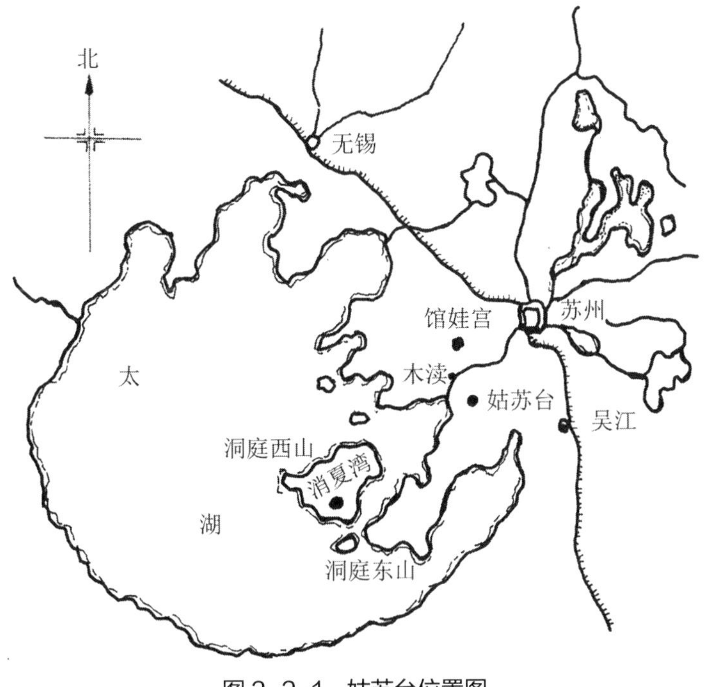


图2-2-1　姑苏台位置图

2. 越王宫台

越王勾践于绍兴建台，如越王宫台、斋戒台、驾台、离台、中宿台、灵台等。勾践山阴城宫台，据《越绝外传·记地传》第十载："周六百二十步，柱长三丈五尺三寸，溜高丈六尺。宫有百户，高丈二尺五寸"，附带有建筑。

### （二）宫室

1. 夏驾湖

唐人陆广微在《吴地记》中云："夏驾湖，寿梦盛夏乘驾纳凉处。凿湖为池，置苑为囿"。夏驾湖位于今天苏州市内吴趋坊以西一带。阖闾、夫差也都以此为游乐之所。宋人杨备有《夏驾湖》诗云："湖面波光鉴影开，绿荷红芰绕楼台。可怜风物还依旧，曾见吴王六马来。"大约到清代初年，夏驾湖完全湮为平地。

2. 馆娃宫

《吴越春秋》记载："阖闾城西，有山，号砚石，上有馆娃宫。"砚石山就是如今苏州市西南三十里的灵岩山的别称，有"秀绝冠江南""吴中第一峰"之美誉。相传吴王夫差为了讨西施欢心，在灵岩山上建造馆娃宫。馆娃宫是春秋时利用自然山岩建造的一座比较完备的早期园林。于宫中作馆娃阁、海灵馆，铜沟玉槛，宫之楹槛为珠玉装饰，金碧辉煌。后来夫差扩建，作天池，在馆娃宫西山顶有花园一座，入园便是方形的玩花池，又名浣花池，传说是夫差专为西施赏花而凿，当时池内种有四色莲花；玩花池北面有两口井，再向北是假山环绕的圆形玩月池。玩月池东边的假山上有亭，名"长寿"，是西施梳妆台遗址。由此往西有一堵两丈多高的石墙，由块石砌成，相传这便是宫墙遗迹。再西行，攀上山巅，有平之台基，上刻"琴台"二字。左折而下，经过约 70 米长的小路，能见到传说为"响履廊"的遗址。

3. 长洲苑

长洲苑在苏州古城西南 35 千米处，包括太湖东北岸及湖中岛屿，为吴王阖闾和夫差的苑囿。"笼西山以为囿，度五湖以为池"。长洲苑中有华林园、百花洲。汉代再行修葺，益为繁盛。

4. 美人宫

《越绝书》记载："美人宫，周五百九十步，陆门二，水门一，今北坛利里丘土城，勾践所习教美女西施、郑旦宫台也。"万历《绍兴府志》记载：

“在少微山西北，越王作土城，以储西施，故亦名西施山，今五云门有土城村西施里。”

春秋时期的吴越高台、苑囿是江南传统园林的早期雏形。春秋时期吴越园林特征有：一、人工理水，以水为景，苑囿多近水经营，水池是构成园林的重要景观，如园池、池亭等园林称谓；二、宫台苑囿，建筑样式齐备，如台廊亭榭、宫馆殿阁；三、移植花木，如苏州盘门内沿城壕锦帆泾的花柳，春天映水如泛锦，风景秀丽。

## 二、秦汉时期

东汉时出现了苏州最早的私家园林：笮家园。同治《苏州府志》记载：“笮家园在保吉利桥南。古名笮里，吴大夫笮融所居。”

汉末，世人发现会稽山水之美，私家园林逐步发展起来。绍兴灵文园是汉文帝母亲薄太后之父的墓园。灵文园内有灵汜桥，《水经注》记载：“城东郊外有桥名灵汜，下水甚深，旧传下有地道，通于震泽。”此园乃西汉初年规模较大的陵墓园林。

两汉的园林类型逐渐丰富，有胜过皇家宫苑的吴王刘海的长洲苑，也出现了衙署园林，私人性质的文人宅第、园林有了萌芽。汉代吴越在造园技术上有了很大提高：园林完成了由自然生态转变为人工模拟，从原始的生活文化形态走向模仿自然的文化形态。

## 三、三国两晋南北朝时期

### （一）寺观园林

三国两晋时期，三国鼎立，五胡乱华，中原汉族衣冠南渡；山水文学、山水诗与山水园发端；佛教在东汉末年传入中国，这一时期，宗教盛行全国。唐代诗人杜牧的《江南春》道：“南朝四百八十寺，多少楼台烟雨中。”说明寺观园林兴起。这些佛寺大多建造在风景优美的山林之中，正所谓“深山藏古寺”，也有建在繁荣的城区里或近郊的。六朝江南佛教中心有三：京城建康（南京）地区、会稽山和剡山地区、吴地。苏州有报恩寺、玄妙观、云岩寺、寒山寺、兴福寺等；据《绍兴园林志》记载，绍兴有灵宝寺、祇园寺、大能仁寺、泰安寺、灵嘉寺、戒珠寺、嘉祥寺；杭州有灵隐寺等。

1. 报恩寺

报恩寺在苏州市北陲，故俗称“北寺”，是苏州最古老的佛寺，始建于三国吴赤乌二年（239 年）。

2. 玄妙观

玄妙观是一座道教宫观，西晋咸宁二年（276 年）始建，称“真庆道院”。据民国《吴县志》记载，清代时的玄妙观除正山门、三清殿和弥罗宝阁之外，还有 24 座配殿。

3. 同泰寺

同泰寺位于南京之东北，于梁武帝普通二年（521 年）九月建成。该寺楼阁台殿，九级浮图耸入云表。梁亡陈兴，同泰寺成了废墟，旧址位于今日珠江路北侧。

4. 灵隐寺

杭州灵隐寺位于西湖以西的灵隐山麓，背靠北高峰，面朝飞来峰，林木耸秀。开山祖师为西印度僧人慧理和尚，他至武林（今浙江省杭州市），见一峰而叹曰：“此乃中天竺国灵鹫山一小岭，不知何代飞来？佛在世日，多为仙灵所隐。”遂于峰前建寺，名曰灵隐。至南朝梁武帝赐田并扩建，其规模渐次可观。

### （二）皇家园林

建康即今南京，是魏晋南北朝时期的吴、东晋、宋、齐、梁、陈六个朝代的建都之地，作为都城共历时 320 年。黄龙元年（229 年）九月，吴大帝孙权将都城由武昌（今湖北省鄂州市）迁至建业，西晋时改名建康。自此，建康成为六朝皇家宫苑集中之地，先后出现 20 多处皇家园林，空前繁华。

建业城周长二十里一十九步，城内的太初宫为孙策的将军府改建；267 年，孙皓在太初宫之东建造显明宫，太初宫之西建西苑。又开凿青溪、运渎、潮沟、秦淮河等人工运河，城市建设与宫殿建造同时进行，城市日益繁荣。出城向南至秦淮河上的朱雀航，官府衙署鳞次栉比，居民宅室延绵直至长江岸，奠定了建康城总体格局（图 2-2-2）。宋以后，皇家园林历代都有新建、扩建以及改造，梁武帝时臻于极盛局面。侯景之乱时，皇家园林被破坏殆尽，陈国立国后重新加以整建。

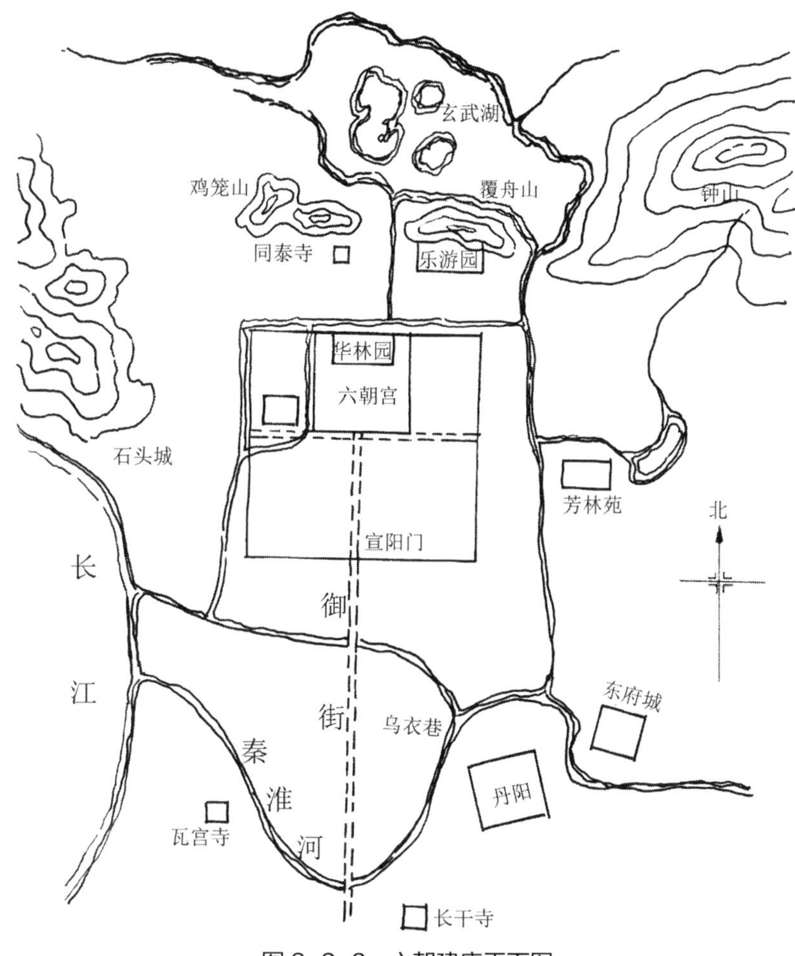


图 2-2-2　六朝建康平面图

1. 大内御苑：华林园

华林园是建康历史最悠久的皇家大内御苑，是山水宫苑，华林园的建造始于孙吴，东晋开凿天渊池，堆筑景阳山，修建景阳楼。梁代达到鼎盛。陈重建，在光昭殿前为宠妃张丽华修建著名三阁：临春、结绮和望仙，其间有飞阁相连。这成为后世山水宫苑的基本范式。

2. 行宫御苑：乐游苑

乐游苑始建于刘宋，由东吴游乐池改建而来，位于覆舟山南麓，又名北苑。园林基址自然条件优越，向东可远眺钟山借景，北临玄武湖，是台城的重要屏障。苑内藏冰，与邺城铜雀台冰井台之藏冰、洛阳北魏华林园之藏冰有着同样的用途。侯景之乱时，乐游苑毁坏严重。

此时期皇家园林虽规模不太大，但规划设计较精致，内容豪华，是文人笔下“六朝金粉”的表现之一。

### （三）私家园林

六朝时期南方豪门士族自给自足的庄园经济发达，进而追求居室庭院生活环境的美，私家园林应运而生。在六朝精神气度影响下，士人审美思想成为引领私家园林发展的主流导向，士人园林蔚然兴起，中国园林发生质的飞跃，士人园林以回归自然、陶冶情操为主要功能，数量之多足以与皇家园林抗衡，而且其优雅的文化基调逐渐影响皇家园林。

1. 南京玄圃

南齐文惠太子于建康台城开拓私园“玄圃”，园内“起土山池阁楼观塔宇，穷奇极丽，多聚异石，妙极山水”。到梁代，成为一座著名的私家园林。园林中掇山理水造诣出众，显示出较高的艺术水平。

2. 南京湘东苑

南北朝时湘东王萧绎造湘东苑，穿池构山，跨水有阁、斋、屋。斋前有高山，山有石洞，山上有阳云楼，楼极高峻，远近皆见。湘东苑或倚山，或临水，或借景于园外，山水主题十分突出，是南朝著名的私家园林。

3. 苏州东晋顾辟疆园

顾辟疆是东晋时人。顾辟疆园具池馆林泉之胜，以美竹闻名，也有怪石相向。当时号称“吴中第一私园”，王献之曾慕名游园。

4. 苏州戴颙园

戴颙是吴中高士，能画善琴，喜游名山，精通雕塑，是东晋、刘宋时著名雕塑家。迁居吴城北，士人共为筑室，聚石引水，植木开涧，少时繁密，有若自然，它是具有写意意味的自然山水园。戴颙园位于苏州今齐门内，是和同一时期的辟疆园齐名的又一私家园林。戴颙园是明显的私家宅园，有宅有园，宅园分开。

5. 绍兴谢氏庄园始宁墅

谢氏庄园始宁墅，即谢灵运别墅。景平二年（424 年），谢灵运回乡隐居时修营别业，纵山水之乐，避尘世之烦。宅园临江而建，借远处景色，植物成片，兼有楼阁。始宁墅是当时南方私家庄园别墅杰出代表。

### （四）公共园林

兰亭位于浙江省绍兴市西南方的兰渚山麓，相传春秋时越王勾践曾在此植兰，汉时设驿亭，故名兰亭。这里是东晋贵族书法家王羲之的暂居处。

兰亭“茂林修竹，又有清流激湍，映带左右”，还有文人雅事“曲水流觞”，即在兰亭水畔饮酒赋诗，起源于水边祓禊这种祭祀活动（图 2-2-3）。兰亭以“景幽、事雅、文妙、书绝”而享誉海内外，名列中国四大名亭之一。

图 2-2-3　曲水流觞

此时期的江南传统园林中，从皇家园林、私家园林、寺观园林到公共性质的园林类型已齐全，改变了吴越皇家园林一枝独秀、宅第私园仅为萌芽的局面。

这个时期的园林穿池构山，因而有山有水，结合地形进行植物造景、筑山理水，再因景而设园林建筑。园林建筑造型丰富多样，楼阁、观等多层建筑广泛出现，台已不多见。

## 四、隋唐五代时期

隋唐时期，江南地区远离政治中心，经济得以发展，特别是隋炀帝征用 300 多万民工、历时 6 年开凿大运河，南北方经济往来开始变得密切。从此商旅往返不绝，南北交流频繁。江南庄园经济也发达起来。

江南文化瑰丽，诗歌、书法、绘画，争妍竞艳。以白居易为代表的“中隐”思想，为私家园林创作注入儒、释、道精神，形成文人园林的思想主轴。园池成为中隐的精神载体，园林中承载的是他们无奈隐忧，抒情写意式的“主题园”就形成于此。

### （一）私家园林

由于政治中心的转移，江南私家园林在六朝山庄别墅的基础上进一步发展，越州（今浙江省绍兴市）、苏州、扬州等风景优美的地区士人私家园林十分普遍。

1. 五代苏州孙承祐池馆

孙承祐的别业。《石林诗话》述其园貌道：“积水弥数顷，旁有一小山，高下曲折相望”，“即积土山，因以其地潴水”，并有置石、竹树千余，是一处具有山林野趣的富家别业。

2. 五代苏州南园

广陵王钱元璙在苏州好治林圃。南园酾流为沼，积土为山，流水奇石、岛屿峰峦皆出于巧思。求致异木，名品甚多，巨树合抱。亭、宇、台、榭值景而造，有厅堂、三阁、八亭、二台，整体广袤、空旷、多野趣。

3. 五代苏州东庄

又名东墅，钱元璙之子钱文奉所创。经营30年，极园池之赏，园中奇花异木众多，累土为山，亦成岩谷。可在园中缓步花径，泛舟游览。园内“奇卉异木，名品千万”“崇岗清池，茂林珍木”（《九国志》）。

### （二）官署园林

苏州自春秋吴国起至元朝末年，或为国都，或为郡治、县治，一直是官府的所在地。

官署园林，是官府出钱、太守等官员主持修建的园林。唐宋时期，苏州郡治所在地就是一处大园林，这和当时苏州的经济实力分不开，也和繁盛的文化氛围分不开，更和太守们的文化修养、兴趣爱好分不开——太守诗人韦应物、白居易、刘禹锡，尤其是白居易以园艺家的身份统管苏州，对官署的园林化建造作出了贡献，从他咏苏州的40多首诗中也可以看出来。

### （三）江南离宫

隋炀帝三次到江都冶游，为的是尽情享受城市经济繁荣带来的侈靡生活。相应的，大量皇帝的离宫御苑产生，江都宫是其中的主要宫苑，位于江都城西北的高地——蜀岗之上。宫廷区的正门名为“江都门”，正殿名“成象殿”，还有院落百余处，建筑众多，景色绮丽。

### （四）寺观园林

唐代所建寺观，多具园林特色。初创于萧梁时期的苏州寒山寺、灵岩寺、保圣寺、重元寺等寺庙，历唐、五代，屡毁屡建，香火至今犹旺。

原名“妙利普明塔院”的寒山寺，因唐代诗人张继的诗而蜚声中外，成为我国十大名寺之一。唐玄宗天宝年间（742—756年），张继赴长安应试，落第而归。在一个初秋晚上，乘船经过寒山寺门前的枫桥，清风明月，梵音靡靡，触动了诗人的情怀，于是写下了千古绝唱《枫桥夜泊》：“月落乌啼霜满天，江枫渔火对愁眠。姑苏城外寒山寺，夜半钟声到客船。”自此，诗韵钟声千古传诵，名扬中外。

隋唐五代时期，江南地区战乱少，经济繁荣、文化发展，江南园林进一步发展。皇家园林有隋炀帝在扬州和润州的几处，吴越王及其子孙在苏杭也建有多处园林；毁于易代战乱的六朝寺观园林，经吴越国修复扩建出现繁荣之势；私家园林蓬勃发展，为宋元园林的全面繁荣和文化体系的成熟奠定了坚实基础。

## 五、宋元时期江南园林

### （一）宋代江南园林

北宋王朝在经济、政治、文化等方面采取了一系列措施，因而社会经济迅速发展，商业繁荣，物力殷盛，文化成就也斐然可观，继唐诗之后，宋词独树一帜，成为中国文学史上又一瑰宝。宋室南迁之后，北方造园技艺渐次萧条，而南方诸城市造园之风日益兴盛。

宋元期间，随着人文昌盛、经济繁荣，建筑技艺和文人山水画取得长足发展，文人审美情趣偏于细腻、婉约、写实，诗情画意融入园林，江南私家园林呈蓬勃发展之势，园林兴造遍布西子湖畔、会稽山麓、太湖之滨、瘦西湖旁等地。

两宋平江园林的鲜明特色是深刻的主题和诗化的景点，其中大多属于“归隐”主题，如苏舜钦的沧浪亭、史正志的渔隐、蒋堂的隐圃、范成大的石湖别墅、叶清臣的小隐堂等。

1. 北宋苏舜钦沧浪亭

沧浪亭在平江城南，为北宋中期杰出的爱国者和文学家苏舜钦（1008—1048 年）所构。苏舜钦，字子美，诗文瑰奇豪迈，自成一家。

沧浪亭“前竹后水，水之阳又竹，无穷极，澄川翠干，光影汇合于轩户之间，尤与风月为相宜”。有曲池高台，有石桥，有斋馆，有观鱼处。苏舜钦“时榜小舟，幅巾以往，至则洒然忘其归”（图 2-2-4，图 2-2-5）。

图 2-2-4　沧浪亭入口

图 2-2-5　沧浪亭

2. 宋代苏州隐圃

枢密直学士蒋堂之居隐圃在灵芝坊。园中有岩局、水月庵、烟罗亭、凤凰亭、香岩峰、古井、贪山诸景。宅南溪上筑有溪馆，水中筑有南湖台。

3. 宋代苏州苏学池圃

范仲淹在钱氏南园旧地上创办苏州府学，其池圃幽邃，有十景：泮池、玲珑石、百干黄杨、公堂槐、辛夷、石楠、龙头桧、蘸水桧、鼎足松、双桐。

4. 宋代苏州乐圃

朱长文筑室乐圃，广 30 多亩，周边以河为界，半敞开，有活水入园。园中高冈清池，乔松寿柏，有山林趣。乐圃中有乐圃堂、朋云斋、归隐桥、蒙斋、咏斋、琴台、灌园亭、墨池亭、洌泉、峨冠石、鹤室、钓渚、见山冈、西圃草堂、宝干山茶等景。

5. 宋代苏州同乐园

凭借“花石纲”发家的朱勔，在盘门内孙老桥边筑同乐园，园中有种霄殿、御书阁、水阁等。园内栽种花木，牡丹尤其繁盛。园内异石林立，与神运峰不相上下，多二丈高太湖石，有巨峰六七座。园中筑九曲路。春时纵士女游赏。

6. 宋代苏州南村

南村位于石湖畔吴山下的澄湾，背山面水，为山水秀美的山庄园林，被誉为“吴中第一林泉”。有妙得堂、带烟堤、吴山堂、紫芝轩、苍谷、江南烟雨图、香岩、山阴画中、藕花洲、桃花源等 30 景。

7. 南唐李建勋园

李建勋园位于钟山南麓东溪畔。李建勋（节度使）“适意泉石，营亭榭于钟山”，“窗外皆连水，松杉欲作林”（《金陵园墅志》）。

8. 南宋苏州石湖别墅

田园诗人范成大在苏州古城西南十二里[①]，号称“吴中胜境佳山水”的石湖之畔、越城之阳建石湖别墅，是湖滨的山麓园，随地势高下而筑亭榭，植名花，尤以梅花为盛，筑湖山之观农圃堂、北山堂、千岩观、天镜阁、玉雪坡、锦绣坡、梦鱼轩等，其中以天镜阁为佳。登临之胜，甲于东南，为天阏绝景。范成大居此作田园杂兴诗 60 首。

① 1 里为 500m

9. 沈园

会稽多山水美景，绍兴北宋园林据统计约有西园、小隐园、齐氏家园、沈氏园、曲水园、水竹居、涉趣园、寄隐草堂、丘云梅舍等五十余处。据传，陆游就有云门草堂、小隐山园、石帆别业、三山别业等，其中不乏园林之胜。其中以沈园最为有名。

沈园位于绍兴市区东南的洋河弄，为越中著名园林。据说，沈园在宋代池台亭阁极盛，传世的《沈园图》可考，有葫芦池、水井、土丘、轩、亭、楼阁、古井等。沈园因陆游与唐婉凄美的爱情故事而留名后世（图 2-2-6），粉壁上还留下了两阙《钗头凤》（图 2-2-7）。

图 2-2-6　沈园孤鹤轩

图 2-2-7　沈园粉壁题两阙《钗头凤》

## （二）元代江南名园

元末江南私家园林复兴，且多处名园的艺术水平都有了质的提高。写意山水园的构建艺术已臻完善，苏州古典园林又达到了一个新的艺术高度。据明王鏊《姑苏志》记载，仅平江园林就有四十余处，居平江城内者有五亩园、松石轩、小丹丘、束季博园池、乐圃林馆、绿水园等十余个园子，城外及郊县有藏春园、石涧书隐、松江瞿氏园（今浦东航头镇）、常熟梧桐园、嘉兴山园以及“称甲于江南”的昆山玉山草堂佳处等三十余处，其中以狮子林为胜。

1. 苏州狮子林

位于今苏州城内园林路的狮子林始建于元朝，在城东北隅潘儒巷，2000 年被联合国教科文组织列入《世界遗产名录》。园内“林有竹万固，竹下多怪石，状如狻猊（狮子）者”，狮子林之名由此而来。林中地之隆阜者叫山，山有石而崛起者叫峰，计有含晖峰、立玉峰、昂霄峰等，其中最高、状如狻猊者名狮子峰，也是佛经中狮子座之意。元代的狮子林以土丘竹林、石峰林立为主要特色。

2. 无锡倪瓒“清閟阁”

《无锡金匮县志·古迹》：“清閟阁在梅里乡，元倪瓒故居，旁列碧梧奇石，设古尊罍彝鼎法书名画。”清閟阁“阁如方塔三层，阁中藏书数千卷，疏窗四眺，远浦遥峦，云霞变幻，弹指万状。窗外巉岩怪石，皆太湖灵璧之奇，高于楼堞。松篁兰菊，茏葱交翠，风枝摇曳，凉阴满台。”阁前广植青桐，蔚然成林。

3. 昆山顾德辉“玉山佳处”

又名“玉山草堂”。吴克恭在《玉山草堂序》中云：“玉山草堂者昆山顾仲瑛氏为之读书弦诵之所也。昆以山得名，而山有石如玉，故州志云‘玉山’。仲瑛因是山之势筑室以居之。结茅以代瓦，俭不至陋，华不逾侈。散植墅梅幽篁于其侧，寒英夏阴，无不佳者。以其合于岩，栖谷隐之制，故云‘草堂’。”

宋元时期江南古典园林以“中隐”的文人思想为引领，城市宅园较多，具有简远、疏朗、雅致、天然的特色，其造园以水木为主导，峰石较为普遍。

## 六、明代江南园林

江南私家园林经过明初的沉寂，复兴繁荣延续至清前期。明中期以后，官僚富豪、文人士大夫或葺旧园，或筑新构，争妍竞巧，扬州、苏州、杭州、南京等江南城市再次出现园林兴建高潮，园林创作风格在宋元基础上继续写意化。

1. 明代苏州停云馆

文徵明父亲文林葺宅停云馆，小室幽轩，屋西园圃有奇石杂花。文徵明重葺，有玉磐山房、玉兰堂、环玉池、凌拓轩、悟言室、真赏斋、落花亭、选绿轩、桐园，种植梧桐、兰花。《停云馆初成》一诗记录此事：“林西隙地旧生涯，小室幽轩次第加。久矣青山终老愿，居然白板野人家。百钱湖上输奇石，四季墙根杂树花。尽有功名都置却，酒杯诗卷送年华。”

2. 苏州王献臣拙政园

明代官员王献臣置拙政园。拙政园以水景为主，中亘积水，浚治成池，弥漫处“望若湖泊”。园多隙地，茂树曲池，缀为花圃、竹丛、果园、桃林，四时有景，水木明瑟旷远，近乎天然风光（图 2-2-8）。建筑物则稀疏错落，全园仅一楼、一堂、一台、二轩、六亭，而曲池、花坞、果圃、钓碧参差于水涯花柳之间，花木众多。共有堂、楼、亭、轩等 31 景，形成一个以水为主、疏朗平淡、近乎自然风景的园林。《康熙县志》谓“广袤二百余亩，茂树曲池，胜甲吴下”，这是对明朝时期拙政园艺术审美的高度评价。嘉靖十二年（1533年），文徵明依园中景物绘图31幅，各赋以诗，并作《王氏拙政园记》（图2-2-9）。

图2-2-8　拙政园现入口处门洞置石

图2-2-9　拙政园倚玉轩荷池

3. 苏州文震孟药圃

园中广池五亩，有清幽之趣，草药浓丽雅洁。有青瑶屿、猛省斋、石经堂、凝远斋、浴碧亭、五师峰等胜景，为避逆阉之音园名药圃。

4. 太仓王世贞弇山园

太仓市明代时仅尚书文学家王世贞就有八园，王世贞《太仓诸园小记》载：“有八园，郭外二之，废者二之，仅四园而已。”平地起楼台，城市出山林。弇山园周围有古寺、广池，成为园林的绝好借景。园中有三山、一岭、二佛阁、五楼、三堂、四书室、一轩、十亭、一修廊、二石桥、六木桥、五石渡梁，洞、滩、濑各四，二流杯渠，此外洞壑岩涧无数，大面积的花卉药草，四时皆胜。全园占地面积70亩，土石山占四，水面占三，建筑占二，竹木占一。园中有150余景，其中尤以山水为胜。山以水绕，水能得山相衬。

5. 无锡秦氏寄畅园

寄畅园位于惠山之麓，背山临流，总体布局结合园内地形和周围环境，因高培土，就低凿池，创造了与园基长边方向相平行的水池和假山。以水池为构图中心，池东构筑亭、榭，连以游廊，此为该园的主要建筑景观，池西筑假山呼应，形成苍凉廓落、古朴清旷、饶有山水林木之雅的独特风格。

6. 扬州郑元勋影园

影园前后临水，环柳万株，清荷千顷，佳苇渔棹，蜀冈平山，均可借景。园在柳影、水影、山影之间，有小桃源、玉勾草堂、半浮阁、泳庵、小千人坐、淡烟疏雨、一字斋、媚幽阁等景致。

7. 仪征汪士衡寤园

寤园亦称汪园、西园。该园为造园家计成为汪士衡设计建造。园内有湛阁、灵岩、荆山亭、篆云廊、扈冶堂等建筑，高山曲水，极亭台之胜。计成的《园冶》一书就是在寤园扈冶堂脱稿。

元明园林特征：明代江南第一次构园高潮，欣赏方式的画意标准确立，系统论著出现，“主人”无俗态，造园名家众多。

## 七、清代江南园林

入清之后，江南经济继续发展，康熙年间，江南地区手工业、商业和城市经济发展尤为迅速，至乾隆年间，苏州成为我国东南地区的经济中心。自康熙起，皇帝多热衷于修建离宫别苑。康熙和乾隆两代皇帝都曾六下江南，游园赏景，苏州在古城内旧织造署处建行宫，以备接驾，六下江南在苏州游赏的园林有拙政园、虎丘、瑞光塔寺、狮子林、圣恩寺、沧浪亭、灵岩山寺、寒山别业、法螺寺、天平山高义园等。

乾隆时期的画家徐扬所绘的《姑苏繁华图》中，到处可见城中小园，茂林修竹、假山亭台。

1. 苏州五柳园

园主为乾隆年间状元石蕴玉（1756—1837 年），五柳园在金狮巷，亦名城南老屋，园名取自陶渊明《五柳先生传》中的“宅边有五柳树，因以为号焉。”池上有五柳树，皆合抱参天，遂名五柳园。有柳荫池、花间草堂、旧时月色舫、瑶华阁、玉兰阁、叠石归云洞、卧云精舍诸胜景。

2. 苏州壶园

壶园在庙堂巷，面积不及半亩，环池配置厅、堂、亭、廊，池上设小桥两座，以峰石点缀，花竹茂盛，小巧精雅。

3. 苏州听枫园

听枫园为光绪年间金石书画鉴赏家吴云所建。全园占地仅亩许，园在宅东。围绕主厅听枫仙馆，有平斋、味道居、两轩、红叶亭、叠石假山的墨香阁，园北清池一泓，庭园清幽，水木明瑟，泉石雅清。

4. 苏州留园

留园始建于明代万历二十一年（1593 年），位于阊门外下塘花步里，为太仆寺少卿徐泰时的私家园林，时人称东园，现被列入世界遗产名录。清乾隆五十九年（1794 年）为吴县东山刘恕所有，在东园故址改建，经嘉庆三年（1798 年）修建始成。因多植白皮松、梧竹，园内景色清寒，故更名寒碧山庄。同治十二年（1873 年），园为盛康购得并修缮，俞樾《留园记》中记载，其时园内“嘉树荣而佳卉茁，奇石显而清流通，凉台燠馆，风亭月榭，高高下下，迤逦相属”（图 2-2-10）。

5. 苏州网师园

清乾隆二十年（1755 年）前后，宋宗元在南宋史正志渔隐旧址置别业，网师园不仅保留了渔隐的风格意蕴，且以唐诗般简括之手笔将胜景集于方寸之地。沈德潜《网师园图记》中记载：“筑室构堂，有楼、有阁、有台、有亭、有陂、有池、有艇，名网师小筑……丛桂招隐，凡名花奇卉，无不萃胜于园中”（图 2-2-11）。

图 2-2-10　留园

图 2-2-11　网师园“潭西渔隐”

6. 苏州拥翠山庄

拥翠山庄是一座面积仅一亩余的微型园林，位于虎丘二山门内上山蹬道左侧的憨憨泉西侧，园址得天独厚。此园在苏州园林众芳中独树一帜，是座因地制宜、就山势而筑的台地园，一组院落依山势巧妙嵌接在青山上，逐层升高，疏密有间，层峦簇拥，清新、淡雅而隽永（图 2-2-12）。

7. 南京五亩园

五亩园为孙渊如宅园。有小艿坡、蒹葭亭、留余春馆、廉卉堂、枕流轩、窥园阁、蔬香舍、晚雪亭、鸥波航、燠室、啸台诸胜景。

图 2-2-12　苏州拥翠山庄

8. 扬州万松叠翠

园近水有十余亩竹林，水竹相融。有植荷山房、春流画舫、清荫堂、旷观楼、嫩寒春晓、涵清阁、风月清华、绿云亭、万松叠翠等景致。

9. 扬州小盘谷

清光绪三十年（1904 年）两江总督周馥购得徐氏旧园重修而成。园内假山山峰险峻，溪谷深幽，石径盘旋，故得名小盘谷。

江南的私家园林发展到清初以其精湛的造园技巧、浓郁的诗情画意和雅致的艺术格调，达到我国封建社会后期园林史上的巅峰。但到了后期，造园过程渐渐程式化。

南风北渐，江南园林对皇家园林也产生了影响。如颐和园中仿寄畅园的谐趣园，圆明园中仿照江宁瞻园而建的如园、仿苏州狮子林而建的狮子林等。

# 第三章　传统园林设计要素

# 第一节　建　　筑

中国古典园林是造园者在一定空间范围内，用精妙的设计，将建筑、山、水、植物、匾额、楹联、刻石等园林自然要素和人工要素加以组合、加工、提炼、调整，从而形成的“源于自然又高于自然”的有机整体，了解园林诸要素的特征和构成，是进行传统园林创作的前提。

传统园林设计非常重视对建筑的处理，利用其与地表塑造、植物配置等自然景观的对比、衬托，达到统一和谐的空间效果。江南传统园林中建筑，比重较大且造型精巧，使得园林呈现出独特的整体结构和艺术风格。

## 一、概述

### （一）园林建筑与一般建筑的区别

1. 抒发情趣，追求意境

建筑因其不同的功能而形成不同的风格，如宏伟华丽的宫殿、庄严肃穆的寺院、亲切宁静的民居等。园林建筑所遵循的基本原则是源于自然而高于自然，把人工美与自然美相结合，追求寓情于景、情景交融、触景生情，如诗似画的意境展现出极其强烈的艺术感染力（图 3-1-1）。

2. 构图灵活，法无定式

中国古建筑在布局上常采用轴线左右对称的形式，组成一进又一进的院落层次。这样的构图形式明晰、有条理，却缺乏生机和活力。园林建筑设计强调的是有法而无定式。在这种思想的指导下，园林建筑因地制宜、因景而设，体量小巧、造型活泼，分散布置、装饰性强。回环曲折、参差错落、忽而洞开、忽而幽闭的设计手法，可赋予园林建筑无限的变化（图 3-1-2）。

图 3-1-1　拙政园中部景色

图 3-1-2　环秀山庄建筑

3. 重视环境，追求自然

宫殿、寺院、民居等建筑，多采用内向的布局形式，加之通常以高墙相围，故而与外围的环境割裂。虽然建筑周边也种有花草树木，但仅起调剂、点缀的作用。园林建筑则追求自然雅趣，故而非常重视对环境的选择，力求建筑与环境融为一体（图 3-1-3）。

图 3-1-3 网师园临水建筑

## （二）园林建筑的作用

建筑在江南传统园林中具有实用与观赏的双重作用。一方面，建筑可行、可观、可居、可游，根据人们休憩及活动的需要而设置，会客、宴请、观戏、品茗、读书、作画、抚琴、弈棋、登高、停留、赏景、通行等需求，在场地中皆可得到充分满足。园林建筑常作景点处理，与山水、花木共同组成园景，在局部景区中还可作为风景的主体。在园林中，建筑既是景观，又可以用来观景，满足了人们享受生活和观赏风景的愿望（图 3-1-4）。

另一方面，建筑可起点景、隔景的作用，既点出园林的灵气和诗情画意，做到移步换景、以小见大，又使园林显得自然、淡雅、恬静、含蓄。“凡图中楼台亭宇，乃山川之眉目也。”因为有建筑作为点缀，山水被赋予了更多的生机。“群山郁苍，群木荟蔚，空亭翼然，吐纳云气。”空亭亦可成为吸纳群山之灵气的焦点。如沧浪亭的主体空间是一座土石假山，山上古木森然，青翠欲滴，藤蔓萝挂，箬竹成丛，亭立山岭，高旷轩敞，石柱飞檐，古雅壮丽，上行至亭心，可凭眺全园景色，石柱上的楹联“清风明月本无价，近水远山皆有情”，点出了山水之生机与活力（图 3-1-5）。

图 3-1-4 怡园面壁亭

图 3-1-5 沧浪亭

### （三）园林建筑的类型

传统园林的建筑类型丰富多样，可根据造园需要灵活地选择和组合，营造出多姿多彩的园林风貌。根据建筑的使用功能，可将园林建筑分为生活与起居建筑、游览与赏景建筑、交通与联景建筑、围护与分隔建筑四大类。江南园林建筑从匾额题名来看，有厅、堂、楼、阁、馆、轩、斋、榭、舫、亭、廊、房、屋、庐、舍、处、所、室等。这些由来已久的古老建筑名称，代表一定的建筑形式，并有各自具体的用途。需要说明的是，江南园林建筑虽名称繁多，但除亭、廊、楼等有较为明确的含义外，其余具体建筑物的名称大多没有固定的式样，常常混用。如人们习惯把园林中临水的敞厅称作榭，而上海古猗园的水榭却叫“浮筠阁”。

### （四）江南园林建筑的特点

明代晚期以后，人们的生活方式和园林艺术审美观念不断改变，江南园林作为城市宅园，居住和游赏的关系更加紧密，具体表现为建筑数量增加、密度增大、地位增强、形式突出，并且配置手法变化多样，一般大型园林建筑用地可占全园用地面积的 15% 以上，中小型园林甚至高达 30%。江南园林的建筑处处体现着宗族文化、儒家思想和山水美学等特点，故而园林建筑的艺术处理与建筑群的组合方式，对于整个园林显得格外重要。

1. 建筑布局

江南园林的建筑总体布局突破严格的中轴线布局方式，平面布局灵活自由，因地而置，迂回变化，形式多样。在设计时采用精妙的艺术手法，如空间对比、欲扬先抑、相互映衬、虚实变换等，创造出生动、有层次的园林空间，使建筑观之能入画。



自由布局也有一定的章法可循，通常为一个主体建筑配以一个或几个次要建筑，各建筑之间用廊连接，在园中以建筑组合体的形式出现。传统园林的这种配置手法，使得主体建筑形式和地位更为突出，成为区域的主要景观点，有助于增强其艺术感染力，强化其使用功能和欣赏价值。如远香堂是苏州拙政园中园的主体建筑，围绕远香堂布置而成的园景，形成了一幅古朴明媚的江南水乡画（图 3-1-6）。

图 3-1-6 拙政园中园主体建筑远香堂

2. 建筑空间

传统园林建筑空间具有开敞流通的特点，各类院落空间灵活布局，借助空间设计手法，巧妙利用洞门、空廊、漏窗、屏风、隔扇等，使园内建筑与建筑、建筑与景物，既有分割又有联系，隔而不断、起伏变化，形成丰富、连续的空间序列（图 3-1-7）。如留园中部山池主景区东南角的华步小筑与古木交柯一组小庭院（图 3-1-8），在廊、榭与高墙之间留出一定的空间，匾额下点衬花池树石等小景，两个八角形窗洞与廊北的漏窗形成对比，产生内外空间穿插、景深不尽的效果。

3. 单体建筑

江南园林建筑以小型居多，轻盈、玲珑、通透、朴素、淡雅，除少数主要厅堂外，一般体量都不大，适合日常起居，富有生活气息，表现出雅致、秀丽的风格（图 3-1-9）。江南园林建筑的屋顶形制有歇山顶、悬山顶、硬山顶和方、圆、多角等各式锥体的攒尖顶，戗角“如鸟斯革，如翚斯飞”（图 3-1-10），舒展如翼，四宇飞张，配上柱间微弯的美人靠、状若游龙的廊桥、波浪起伏的云墙，给人以轻灵、飘逸之美感。建筑的细部构造尤其精巧，多采用淡雅清新的色彩，通常为粉墙、灰瓦、栗色门窗，少有鲜艳的彩绘和夸张的装饰，具有文人园林的典型特征。

图 3-1-7　耦园月亮门

图 3-1-8　留园华步小筑庭院

图 3-1-9　耦园望月亭

图 3-1-10　怡园小沧浪

4. 装饰陈设

江南传统园林建筑内的家具和陈设艺术反映了中国古代尤其是明清时期文人士大夫“无事忧心、自乐逍遥”的生活态度和审美心理。室内家具追求古雅、书卷气和人文气息，桌椅、几案、凳榻等造型厚重、精雕细刻。家具多采用木材和天然大理石制作，具有自然情趣，与园林的整体意境高度一致（图 3-1-11，图 3-1-12）。为营造幽雅的艺术气氛，室内多挂字画，摆放古瓶、古钟、雅石于墙边、窗前或博古架上。盆景、瓶花、供石等摆件，浓缩了山林风光，描摹大自然的风雅神韵，仿若园内山石植物造景的影射。建筑铺装常采用砖瓦、卵石等材料，多为格子纹、冰裂纹、花叶等简洁雅致的图案。

图 3-1-11 拙政园卅六鸳鸯馆室内陈设

图 3-1-12 艺圃博雅堂室内陈设

## 二、生活与起居类建筑

### （一）厅、堂

“厅”按《释名》的解释，“厅，所以听事也”，是办理事务用的一种建筑。“堂”按《释名》的解释，“堂者，当也，谓当正向阳之屋”，是建筑群中居正面的主体建筑，通常坐北朝南。厅和堂在功能和形式上并没有本质的区别，人们常将二字连用称为“厅堂”。严格来说，厅和堂梁架构造用料不同，用扁方料者叫厅，用圆料者曰堂，俗称“扁厅圆堂”，但江南传统园林中多数厅堂的匾额却称为堂，例如苏州拙政园的远香堂。

明清两代，士大夫和富商将私家园作为生活起居空间的组成部分，家族聚会及宴请宾客等活动常在园中进行，厅堂作为主要活动场所而被设置为园中的主体建筑。园中必设厅堂将其作为全园的主要建筑建在地位突出、景色秀丽的紧要之处，并以厅堂作为主体景物的主要观赏点，几乎成为江南宅园的定式。《园冶》中曰：“凡园圃立基，定厅堂为主。”就是说造园过程中，先确定厅堂的位置，进而依次布局整园的景致，衍生变化，形成丰富多彩的园林景象。厅前开凿水池，建临水的宽敞平台，或临池掇山并在山上建亭作为对景，四周曲廊环绕，大小变化的院落穿插其中，构成园林的整体艺术空间。

厅堂建筑一般体量较大，内部空间宽敞，视线佳，装修多端庄华丽，外部空间环境相对开阔。江南园林中的厅堂，根据位置、使用功能和构造形式的不同，可分为门厅、轿厅、大厅、女厅、花厅、荷花厅、鸳鸯厅、四面厅、纱帽厅、花篮厅等。

1. 四面厅

在需要观赏周围景象的情况下，将厅处理为四面开放的空间，建筑面阔三间或五间，四面常用隔扇，可闭可启，外设围廊，外观较轻快明朗。四面厅是较为高级和美观的厅堂形式，如苏州拙政园远香堂（图 3-1-13）、扬州个园宜雨轩、南浔宜园绿静山房。

2. 荷花厅

荷花厅多临池而建，主景常为山水，建筑面阔多为三间，南北开放，面对池中荷花，东西采取山墙封闭的处理方式，或者在山墙上开窗取景，厅前有宽敞的平台，是观赏池水、荷花的佳处。荷花厅是一种较为简单的厅堂，如苏州留园涵碧山房（图 3-1-14）、怡园的藕香榭。

图 3-1-13 拙政园远香堂

图 3-1-14 留园明瑟楼与涵碧山房

3. 鸳鸯厅

鸳鸯厅建筑面阔一般三间或五间，两面开放，两个空间，内部用草架柱处理成两个以上的顶盖形式。这种厅堂前后两部分的结构、装修不相同，一厅向阳，一厅面阴，分别适合冬、夏使用，能见到园中不同景致，如拙政园西部卅六鸳鸯馆内部天花分作四轩，下面用隔扇、挂落分成前后两厅（图 3-1-15）。

4. 花篮厅

花篮厅的特点是建筑明间前步柱或前后步柱不落地，代之以垂莲柱，悬在半空，并且在柱端雕刻花篮插花，所以称为花篮厅。这种形式使室内空间显得高敞，同时增强了装饰性，如狮子林的水殿风来（图 3-1-16）。

5. 花厅

花厅在江南园林建筑中较为常见，主要作为生活起居和会客之所，位置大多临近住宅，其前院往往布置山石、花木，构成幽雅的环境。花厅梁架多为卷棚式，另有少数做成花篮厅式或贡式梁架。

图 3-1-15 拙政园卅六鸳鸯馆天花

图 3-1-16 狮子林水殿风来垂莲柱

6. 门厅

将园林门建成厅的形式，带有内部空间，这种屋宇式的大门称为门厅。

7. 轿厅

某些园林在门厅之后建一座厅，方便主人或来访的客人停轿，根据其功能命名为轿厅，如苏州网师园设有一座轿厅，停放有红木轿一顶。

8. 纱帽厅

建筑仿明代结构，梁头棹木像明代官帽的帽翅，故名纱帽厅，如苏州同里嘉荫堂、艺圃博雅堂。

### （二）馆、斋

馆和斋也是园林中比较重要的建筑类型。馆的原意是客舍，因此园林中馆的主要作用是待客。在园林中被称为馆的建筑很多，除了客舍、书房、学堂之外，还有燕居之地、眺望赏景之地，都有以馆为名的建筑。馆的建筑规模不定，大的可以是一组建筑，小的可能只是面阔三间的单体建筑。馆类建筑，除了少数作为厅堂的，一般多建在园子一隅。拙政园玲珑馆是中部景区枇杷园的主体建筑，是一座三开间小型建筑，得名于翠竹美石，环境清幽洁净，馆内正中悬挂“玉壶冰”匾额，门扇棱格和地面铺装均用冰裂纹，甚为古雅（图 3-1-17）。

园林中的斋主要作为园主人读书、修身养性之所。斋的建筑形式很多样，要求环境清幽并有一定的遮掩，所以选址应尽可能避开园林中的主要游览线路（图 3-1-18）。如网师园集虚斋位于园内中心水池东北部，是一座三开间单檐硬山式二层小楼，体量高大，观景视野好。“集虚”源自《庄子·人间世》“惟道集虚。虚者，心斋也。”（图 3-1-19）。

图 3-1-17　拙政园玲珑馆

图 3-1-18　怡园画舫斋

图 3-1-19　网师园集虚斋

## 三、游览与赏景类建筑

### （一）楼、阁

楼和阁在园林中属于较高的建筑，有的设于园林的外层，便于欣赏园外景色；有的位于园林的主景区，形象突出，成为主要对景；也有的位于隐蔽处，环境幽静。楼、阁不仅体量较大，而且造型丰富、富有表现力，在园林中可起到重要的点景作用，又有可供登临眺望景色的使用功能，故而建园时场地和经济条件允许都会在园中设置楼、阁。

楼是一种重屋建筑，平面一般面阔三间或五间，进深可至六界，屋顶为歇山式或硬山式，造型富有变化，多用于居住，后来也用于储藏，还可用于瞭望。楼的主要立面一般装有长窗，外侧设栏杆，侧面砌筑山墙，或者安装洞门、空花窗等。楼梯多置于室内正间后，也可在室外，由假山石阶上至二楼；例如拙政园见山楼（图 3-1-20），留园冠云楼、明瑟楼等。临水之楼，体量须与水面相协调，上层较下层略为收窄，粉墙木构，造型轻巧灵动；如留园的曲溪楼，位于园林中部景区东侧，北侧与其相通的西楼稍后退，两楼前后、长短、高低错落，底层白粉墙，有门洞和空窗，上层中间为半窗，两边粉墙设砖框景窗，屋顶为一面坡，建筑比例协调，形成主次分明又统一的整体。

图 3-1-20 拙政园见山楼

阁与楼相似，比楼更轻盈，重檐，四面开窗，平面常作方形或者多边形，屋顶为歇山式或攒尖式，底层架空，上层设围廊，挑出平坐。阁主要用来储藏物品；如网师园濯缨水阁，面阔只有一开间，卷棚歇山顶，檐角飞翘，纤巧空灵，高架水上，动静相宜，夏日可凭栏观荷赏鱼（图 3-1-21）。

图 3-1-21 网师园濯缨水阁立面

## （二）亭、台

亭是园林中最常见且富有特色的建筑形式，式样丰富，尤其是屋顶形式变化多端（图 3-1-22）。江南园林建筑中亭的数量非常多，怡园、拙政园全园建筑一半以上为亭，面积仅一亩有余的畅园内有大小各式的 5 个亭，而占地仅 140 多平方米的微型园林残粒园，更是因亭而成园。江南园林中的亭体积小巧，造型别致，可建于园林的任意地方，主要供人休息、避雨及观赏景色，是园林构图中的重要元素。如苏州拙政园西园的与谁同坐轩，筑于水中小岛的东南角，三面环水，背衬小山，是一座扇面亭，成为景区视线的交点和景物构成的中心。无论倚门而望、凭栏远眺，或是抵窗近观、小坐歇息，都可以充分领略周围的美景。

图 3-1-22　拙政园中各式亭

亭的形式灵活多样，从平面分有圆形、正方形、长方形、正多边形、近长方形和组合式等；从立面分有单檐、重檐或三重檐，其屋面构造又有歇山顶、攒尖顶；从亭所在的位置分，有路亭、廊亭、桥亭、井亭等。江南传统园林中亭例：四角攒尖顶亭——拙政园绿漪亭、拙政园松风亭；六角攒尖顶亭——狮子林湖心亭；八角攒尖顶亭——拙政园塔影亭；方形平面歇山顶亭——苏州沧浪亭；长方形平面歇山顶亭——拙政园雪香云蔚亭；六角庑殿顶亭——留园至乐亭；六角重檐顶亭——苏州西园放生池湖心亭；八角重檐顶亭——拙政园天泉亭；半亭——苏州网师园冷泉亭、半园半亭、宁波天一阁半亭、常州燕园凉亭；扇面亭——狮子林扇面亭、拙政园与谁同坐轩；单檐圆亭——拙政园笠亭；组合亭——南京煦园方胜亭、苏州拙政园涵青亭等。

《释名》中说："台者，持也。言筑土坚高，能自胜持也。"《园治》中说："园林之台，或掇石而高上平者，或木架高而版平无屋者，或楼阁前出一步而敞者俱为台。"台多筑于水边高处，便于远眺欣赏园景。历史上有不少有名的台，如凤凰台、铜雀台、金虎台、冰井台等。苏州虎丘山剑池旁的千人石是一个天然石台，巨石平坦，微微倾斜，如刀削剑劈，可容千人坐于其上。园林中露天、比较平整、开放的，供人们休息、观望、娱乐之用的高地都可叫台。

### （三）轩、榭

园林中经常出现轩、榭，通常指以开敞为特点的建筑，体量小巧精致，并且大多不作为园林的主体建筑。对于园林来说，轩有两种形式，一是精巧的小型单体建筑，在各种园林中都可以见到（图 3-1-23），如苏州沧浪亭面水轩，位于园门内沿河复廊的西端，与复廊东面的观鱼处相望，是一座四面设落地长窗的敞轩，空间通透，可从室内不同角度观看轩外美景；二是厅堂建筑前部飞举的顶棚，为江南园林所特有，形式丰富多变，有菱角轩、海棠轩、船篷轩等。轩的造型以轻巧见长，无论作为单体建筑还是作为厅堂的一部分，都有轻盈飞扬之感。

《园冶》中说："榭者，藉也。藉景而成者也。或水边，或花畔，制亦随态。"榭一般建于水边或花畔，主要用于赏景和休憩，多开敞通透，最多设隔扇，不会做实体墙，造型也灵活多变。因为江南园林多以水池为中心来构图，所以水榭的数量较多，如苏州怡园的藕香榭（图 3-1-24）、网师园的濯缨水阁、耦园的山水间、严家花园水榭等。为避免照射在水面上的阳光反射过来刺眼，水榭多建在水的南岸，朝北观景。榭平面多为长方形，常架设平台并延伸至水中，连接建筑和水面，平台临水处安装低矮的栏杆，或设鹅颈靠椅供人休憩。

图 3-1-23 拙政园听雨轩

图 3-1-24 怡园藕香榭

（四）舫

舫是仿照舟船的造型，在园林中的水边或水中建造的一种建筑，是供人休息、游赏、饮宴的场所，是园主人寄托情思的地方，表达远离庙堂、寄情山水之意。

狮子林石舫位于水池西北部，民国初年由当时的园主贝润生增建。舫身四面皆在水中，舫体高大，造型写实，船头由平石板桥与池岸相连，相当于甲板，便于人们上船游览。石舫前舱屋顶为弧形，中、后舱均为两层，有楼梯相通，中舱低平，屋顶为平台。石舫制作精巧，四周设有 86 扇镶嵌彩色玻璃的木质隔扇（图 3-1-25）。

图 3-1-25 狮子林石舫

## 四、交通与联景类建筑

### （一）廊

廊是园林中各个单体建筑之间的联系通道，在传统园林中既能起到引导游览的作用，又具有观赏的价值。廊实际上就是带顶的路，可长可短，可弯可直，既有遮阳蔽雨、驻足休憩、交通联系的功能，又可起到组织景观、分隔空间、增加风景层次的作用，因此在园林中应用广泛。

“蹑山腰，落水面，任高低曲折，自然断续蜿蜒。”“廊者，庑出一步也，宜曲宜长则胜……随形而弯，依势而曲。或蟠山腰，或穷水际，通花渡壑，蜿蜒无尽……”这些都是《园治》中关于廊的描述。园林中廊的类别主要有单面廊、双面廊、直廊、曲廊、空廊、复廊、回廊，抄手廊，爬山廊、叠落廊、双层廊、水廊等（图 3-1-26）。

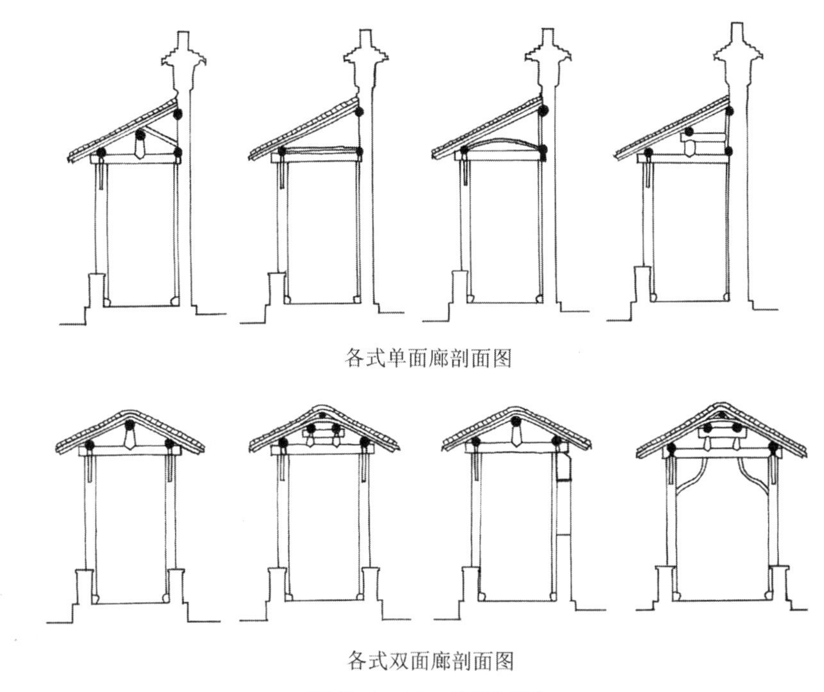

各式单面廊剖面图

各式双面廊剖面图

图 3-1-26 廊剖面图

1. 单面廊

单面廊又称半廊，即一面开敞，多朝向园林内部，便于观看园内景致，通常设坐凳、栏杆，另一面则为墙体或建筑，可全封闭，或半封闭开设成排的漏窗。《园冶》中说：“俗则屏之，嘉则收之。”就是说，是否封闭要看园内的实际情况和景致的优劣。例如南京瞻园东墙下的廊、南浔宜园缩春廊。

2. 双面廊

双面廊指有两个面的廊，可以两面均空透，只用立柱支撑，也可以两面都砌筑墙体，成为封闭的廊。

3. 空廊

空廊是指用柱支撑顶部、两侧开敞无墙的廊，通常在柱间设槛墙或坐凳、栏杆。空廊在园林中既是通道，又是导览路线，同时兼具分隔园林空间的作用，方便两面观景（图 3-1-27）。

4. 复廊

复廊由两廊合二为一，中间隔着一道墙，墙上设漏窗，两边廊道都可以通行，且能透过中间墙上的漏窗观看对面的景色，达到步移景异的效果。复廊也是双面廊的一种，为两面走道、中间墙体的双面廊。复廊在许多园林中都能见到，如沧浪亭、狮子林、怡园、豫园等，其中沧浪亭的复廊堪称经典之作。沧浪亭园内缺水，而园外有河，造园者因地制宜，用复廊将园内外进行了巧妙的分隔。入沧浪亭，自园门向东，经过面水轩至观鱼处，可见复廊，傍水依山，廊道随着地形变化而逶迤起伏。复廊北临园外的葑溪，沿此侧行走，"近水远山"，可以看到园外生动的市井风情。复廊南依园内的主山，沿此侧行走，"近山远水"，可以充分体会到山水园清静高雅的意趣。最妙的是，在园内透过廊墙上的漏窗往外看，拓展了视觉空间，可谓景外有景。沧浪亭复廊设计巧妙，曲折自然，使山、水、建筑融为一体，形成了既分又连的山水借景，同时也弥补了园中无水的不足（图 3-1-28）。

图 3-1-27　空廊

图 3-1-28　复廊

5. 回廊

回廊是回环往复式的廊，又称"走马廊"，在园林中常围绕着建筑物和庭院而建，做成一圈环路，四面通达，曲折中又有回环，可从不同位置、方向、角度欣赏园林建筑和院落内的山石花木，如沧浪亭明道堂和留园林泉耆硕之馆四周的廊。

6. 抄手廊

“抄手廊”，顾名思义，是指廊的形状如同两手交叉握起向前伸出而形成的环，故也称为“U”形廊或“扶手椅”式游廊。抄手廊一般设在几座走势有所变化的建筑之间，沿着院落的外缘布置，如正房和配房的山墙处可用抄手廊连接。

7. 爬山廊

爬山廊一般建在山坡上，顺应地形向坡上坡下延伸，廊体随着地势高低起伏、曲折变化，自然地将高处和低处的建筑与景致连接起来，形成完整且层次丰富的景观序列。

园林中很多建筑是依地形起伏而建的，因而常用爬山廊、跌落游廊来连接高低错落的建筑。如留园涵碧山房西侧至闻木樨香轩之间的爬山廊，不仅有上山廊和下山廊，还有倚墙的实廊和离墙的空廊之分，整个廊处于高低明暗的变换之中，旁边的院墙也随之起伏呈波浪形，观之赏心悦目（图 3-1-29）。

图 3-1-29 留园爬山廊

8. 叠落廊

叠落廊是爬山廊的一种，适用于复杂多样的地形，其顶部层层叠落，状如阶梯，展现了高低错落之美。

9. 双层廊

双层廊有上下两层，是一种较大型的廊，多与楼阁相连。由于有两层，故视野更高、更开阔，有利于将建筑物与不同高度的风景点连接到一起，丰富了园林的立体空间构图。游人分别在两层廊中观景，可以欣赏到不同高度的景致，甚至可以远借园外之景。扬州何园复道回廊是十分典型的双层廊。

10. 水廊

园林中跨水或临水而建的廊称为水廊。水廊多沿水边自由伸展，既可用来观景，又可连接水边和水上建筑，令水上空间半隔半透，增加水体深度，丰富水面景观。游人在廊中漫步，不但可以欣赏周围的美景，还可感受到水中的倒影，别有意趣。如拙政园西部景区小飞虹一带的水廊，凌空架于水上，一步三折，似长虹卧波（图 3-1-30）。

图 3-1-30 拙政园水廊

## （二）桥

桥是园林中沟通园路、休息赏景、连接景点、点缀景观、增加自然情趣的重要建筑。园林中的桥种类丰富、极具艺术性，按造型来分，有平桥、拱桥、曲桥、廊桥、亭桥等，按材质来分，有木桥、石桥、砖桥等。

### 1. 平桥

平桥指桥面与水面或地面平行的桥，整体看起来简洁大方、小巧轻快。平桥通常跨度较小，跨度大时需用石墩、木墩支撑（图 3-1-31，图 3-1-32）。

图 3-1-31 留园活泼泼地桥

图 3-1-32 艺圃平桥

2. 拱桥

拱桥是指中部高起、桥洞呈弧形的桥，造型优美、富有生命力。拱桥的拱有单拱、双拱、多拱之分，园林中的拱桥以单拱最为常见。如网师园引静桥，位于彩霞池东南水湾处，长 2.4m，宽 1m，为中国园林中最短、最小的拱形桥。桥虽小，但石级、石栏、拱洞俱全，桥顶有圆形牡丹浮雕石刻，桥身曲线优美、遍布藤萝，是江南园林拱桥的佳作（图 3-1-33）。

3. 曲桥

曲桥即形体曲折的桥，桥身呈多段弯折，可以达到延长视线、扩大景象画面的效果（图 3-1-34）。曲桥是园林中特有的样式，大多架设在池水之上，由桥面和栏杆构成，桥面略高出水面，栏杆大多低矮，以分隔水面使之不显得单调，同时方便游人亲近池水。曲桥有三折、五折、九折之分，如上海豫园九曲桥，桥身曲折、规整，桥立面垂直于水面，栏杆整齐有序，形成一条来回摆动的长折线，整体造型宛若游龙。

图 3-1-33 网师园引静桥

图 3-1-34 环秀山庄曲桥

4. 廊桥

廊桥是有顶的桥，既有助于保护桥体不受风雨侵蚀，又能让游人免于风吹、日晒、雨淋。如拙政园小飞虹便是经典的廊桥，三跨石梁微微拱起，宛若凌空彩虹，故得名“小飞虹”。桥连接两侧的曲廊，桥面砌白色条石，桥身三间八柱，两侧万字形木制护栏，灰瓦廊顶，廊檐枋下置倒挂楣子装饰。站在小飞虹对面远观，廊桥与四周的亭、轩、树木相互掩映，高低错落，虚实相接，在水中形成色彩丰富、造型优美的倒影（图 3-1-35）。

5. 亭桥

亭桥是桥与亭的结合，通常是在拱桥或平桥上加建亭子，桥与亭相依相映，整体高度相对于单独的桥增加了，因此更显亭亭玉立，游人可在此驻足观赏、避雨休憩。

图 3-1-35　拙政园小飞虹

## 五、围护与分隔类建筑

### （一）园墙

此处的园墙是指园林中单独设置的墙体，如云墙（图 3-1-36）、花墙、漏窗墙（图 3-1-37）等。园墙在园林中主要用来划分园内外范围、分隔园林内部空间、隐藏和遮挡视线，同时还可以起到装饰园景的作用。园墙的主要用材是石和砖，以白色为主，偶有黑色和青灰色。白墙不仅可以和黛瓦、栗色门窗产生色彩对比，还能衬托湖石和花木、藤萝，水光树影之间，虚实对比，产生丰富生动的景色变化。

### （二）园门

园门是通达景观的必经之口。园林中的门种类很多，除了高大的园林大门之外（图 3-1-38），园林内部的门更是各式各样，其中最为常见的便是洞门，就是只开门洞不安门扇的门，可以通行、通风、框景和借景（图 3-1-39），另外还有制作精美的隔扇门，形制特别，充满诗情画意（图 3-1-40）。

图 3-1-36　云墙

图 3-1-37　漏窗墙

图 3-1-38　园林大门

图 3-1-39　洞门

图 3-1-40　隔扇门

在园林的院墙或长廊、亭榭等建筑的墙上设置洞门，除满足交通、采光、通风需求外，在园林艺术上还可作为取景的画框。在洞门后面种植竹丛、芭蕉，放置峰石，构成园林小景，与空窗穿插，使游人在行进的过程中不断获得生动的体验，从而达到增加景深的效果，是江南园林中常见的手法。洞门形式丰富、形状多变，有长方形、多角形、圆形、多曲线形等，需要根据所处位置和功能不同确定采用的形式和比例（图 3-1-41），如分隔主景区的洞门，为便于通行多采用直径较大的圆洞门和八角洞门等，而在走廊、庭院等处常用较为玲珑小巧的直长洞门、长八角洞门、圭角洞门等。

图 3-1-41 各类形式的洞门

## （三）园窗

园林中的窗除了具备采光、通风等基本的实用功能外，还能改善大面积墙面呆板、单调的缺陷，赋予墙面跃动的生命。园窗形式多变、造型精美，是园林中别具一格的景观，同时可作为取景的画框，使不同空间相互交流、穿插、渗透，从而形成虚实对比和明暗对比的效果。园林中窗的类型大致可分为漏窗、空窗、盲窗、隔扇窗、支摘窗、什锦窗、景窗等。

1. 漏窗

漏窗，即部分空透的墙窗，窗洞用图案、纹样精美的窗棂进行装饰，特点是“既通又隔，似通还隔”（图 3-1-42）。漏窗一般设置在园林内部的墙上，多用于封闭的小视距空间，可以消除小空间的闭塞感、增加空间层次，做到小中见大。漏窗在江南园林中应用广泛，造型也丰富、多变，从窗框的形状来看，有圆形、方形、六角形、八角形、扇形及其他不规则的形状，从花纹来看，有套方纹、曲尺纹、回纹、万字纹、冰纹等几何图案，也有人物、花鸟、山水等自然形体图案。

  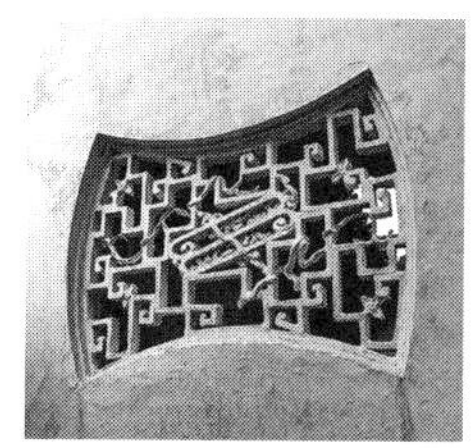 

图 3-1-42 狮子林琴、棋、书、画漏窗

2. 空窗

空窗与漏窗的区别是只有窗洞而没有窗棂，实际上就是开在墙体上完全通透的洞口。空窗使墙体变得通透，让游人能够视线集中、清晰地看到另一空间的景物。空窗是园林景观的重要组成部分，更是园林空间艺术的欣赏工具，将园林中丰富多彩的景观突出重点框起来，点画出一幅幅生动美丽的画面（图 3-1-43）。

图 3-1-43 网师园竹外一枝轩空窗

3. 盲窗

盲窗是指园林墙体上起装饰作用的窗子，外观上与漏窗相同，有形状各异的窗框、种类丰富的窗棂、花纹优美的图案，但盲窗不是真正的窗，不具有采光、通风等窗的实用性。盲窗大多位于外园墙内侧的墙面上，对于增加园内景观的完整性、美观性起到不可忽视的作用，而从园外看就是普通的墙，有效保护了园林内部的私密性。

## 六、建筑院落

中国古建筑最吸引人的特色莫过于“院落式组合”方式，在多样化空间、组合功能的需求和中国传统思想影响下，逐步形成了传统建筑院落式的布局形态和审美，它的可变性非常丰富，能够根据场所空间的大小、自然环境的不同进行组合变换。传统园林也不例外，为在有限的空间内创造更有意境的环境，或在建筑间融入更多的园景过渡和变化，多以建筑、游廊、墙垣围成大大小小的空间院落，进而用院落来划分园林空间和景区。

（一）庭院

《玉篇》中道："庭，堂阶前也。"庭院布置在堂前屋后，用墙和亭、台、楼、榭等建筑围合成规则或不规则的场地。厅堂和庭院相互渗透，院内植树木、摆花台和置峰石，在白墙的掩映下，成为建筑的前景，虚与实的组合让空间层次丰富（图 3-1-44）。狮子林燕誉堂、拥翠山庄拥翠阁、拙政园玉兰堂等。

（二）小型院落

小型院落一般位于房屋左右或走廊一侧，面积不大，灵活多变，具有通风、采光、美化环境、丰富空间的作用，或作为主要空间的对景或衬景，院内栽植少量花木并配以湖石（图 3-1-45）。此类院落在江南园林中数量众多，可封闭可开敞，一般在廊转折处都可见到，如无锡寄畅园秉礼堂西北角一小院，由游廊转折而成，平面很小，呈方形，院内植蜡梅一株，对主要景区起到衬托作用。

图 3-1-44 拙政园庭院

图 3-1-45 留园小院

（三）大型院落

一组建筑群组成大型院落，往往在园林中宅的部分通过纵与横的交织、厅与庭的循环组合、"进"与"落"的多样组合，或主景区中围绕主要建筑，用房屋、围墙、廊道、山石、花木组合成复杂的院落空间。院落与外界有着分隔，内部却富有层次变化，内外空间园墙、漏窗等形式相互穿插、衔接。许多园中园即是大型院落空间，如留园石林小院、拙政园枇杷园（图 3-1-46）等。

图 3-1-46 拙政园枇杷园

# 第二节　山

在中国古典园林中，上自帝王苑囿，下至私家园林，山是造园不可缺少的元素之一。累土构石为山，园林凡是人工建造的山都叫假山，正如《园冶》中所说“有真为假，作假成真”“片山有致，寸石生情”。假山讲求“虽由人作，宛自天开”，在园林中掇山须艺术地概括自然、创造自然，力求体现自然山峦的形态和神韵。掇山是园林中点景、屏俗和分隔空间常用的艺术手法。

## 一、概述

### （一）园林中假山的作用

1. 作为主体景物供观赏

山原本是重要的自然风景资源，在模拟大自然的江南园林中，人造的山以其强大的艺术感染力而常被用来作为主体景物，甚至全园就是一个山景，如苏州环秀山庄就是山景园的典型代表（图 3-2-1）。

2. 可登临鸟瞰、远眺以借景

假山通常较高大，在园林中属于制高点，在山上建造亭阁，可以登临鸟瞰，或者远眺借景，一览园内园外众多美景（图 3-2-2）。

图 3-2-1　环秀山庄假山

图 3-2-2　艺圃假山

3. 攀登、游逛、嬉戏、休憩的功能

假山还具有实用功能，可供攀登、游逛、嬉戏（图 3-2-3）。清凉幽静的石洞、石隧可看作一种特殊的园林建筑，在其中布置石几、石凳，小憩、饮酒、下棋，别有一番风趣（图 3-2-4）。

图 3-2-3 狮子林山景

图 3-2-4 沧浪亭印心石屋

4. 分隔空间、增加景象

从园林艺术结构方面来看，假山可用来分隔空间、增加景观层次，使园景含蓄幽深、绵延不尽。如拙政园中园部分，整体大空间被山石分成东西向两个较狭长的小空间，一个富于变化，另一个幽深安静。这种借山石布景的处理方式，打破了大空间的空旷，使景色不至于单一。如网师园，以彩霞池为中心，沿池的南侧堆叠黄石假山云岗，小山丛桂轩深藏于黄石假山中（图 3-2-5）。

5. 游线立体、拓展空间

江南园林大多面积较小，在园中设置假山，使道路高低起伏、曲折迂回，不但丰富了游览路线，延长了游览时间，而且在翻山越岭、寻谷探幽的过程中增加了游兴，起到了拓展园林空间的作用（图 3-2-6）。

图 3-2-5 网师园黄石假山

图 3-2-6 沧浪亭假山

## （二）山石的分类

1. 按山体材料分

江南园林的假山，根据堆筑材料的特征，可分为土山和石山两大类，包含土多石少的山和石多土少的山（图 3-2-7，图 3-2-8）。园林假山用石以太湖石和黄石居多，两种石材各有艺术特色。黄石轮廓分明、浑厚大气，适合体现阳刚之气；太湖石曲折圆润、玲珑剔透，可用来表现柔美婉约的气质。

2. 按园林艺术性分

就园林艺术性而言，假山作为园林景物存在的基本单位并非土、石，而是峰、峦、坡、岗、崖、谷、涧、隧、洞等（图 3-2-9）。峰，即假山突出的尖顶，常以独块或三两块湖石叠筑周边无依傍。峦是山头结顶处的峰石，一般在高峻之处。谷由山石堆叠的假山山体中留有的空当形成沟谷。洞是山石叠置而成的较小空间，一种洞体状如平常的洞穴，分为旱洞和水洞，大多为一洞；另一种洞体蜿蜒曲折，形状类似隧道，其中一部分连接旱洞，这种形式在江南园林中较为常见。

图 3-2-7　拙政园土山

图 3-2-8　狮子林石山

图 3-2-9　洞、峰、谷、峦

3. 按山所处的位置分

《园冶》中按假山在园林所处的位置将其分为园山、厅山、楼山、阁山、书房山、池山、内室山、峭壁山等类型。

## 二、土山

### （一）土山

土山是以土为主要材料堆砌而成的假山，多半仅限于山的一部分，如拙政园雪香云蔚亭的西北角的假山（图 3-2-10）。

### （二）土多石少的山

纯土山在园林中不多见，通常是土多石少的山，俗称“土包石”，如沧浪亭假山，先于山脚垒石，高 1m 左右，再在蹬道两侧同样做叠石如堤状，上覆土并加固。拙政园绣绮亭假山和池中两座假山也是此种做法，山体较小，用石不多，山形塑造更加自然（图 3-2-11）。

图 3-2-10　拙政园雪香云蔚亭西北角土山

图 3-2-11　拙政园绣绮亭假山

### （三）土山的特点

土山以江南自然风景中有较厚土壤覆盖层及丰富植被的山为蓝本，可掘池就地取材，植物便于种植，多自然野趣，远山可见山势体形和林木高低层次，近处以身临其境的玩赏为主。园林土山常在峪、涧、洞、壑、蹬道、山梁、峰顶等部位叠石，以增加山林趣味（图 3-2-12）。土山除靠自然石配置以外，还需要用植物衬托山林气氛，植物配置是土山形势的重要补充手段，或结合建筑，如在较为平缓的土山上建小亭，衬以高大乔木，也可增加土山的效果。

图 3-2-12　沧浪亭土山蹬道

## 三、石山

### （一）石山

石山是全部用石材叠砌而成的假山，一般体量不大，叠石为山峰或屏障，置于院落内或走廊旁（图 3-2-13），有的依建筑外墙掇山叠石，兼作登楼的蹬道使用。也有体量较大的纯石山，如扬州个园的夏山，用湖石叠掇，既构建了洞窟和隧道，又扩大了山的体量（图 3-2-14）。

图 3-2-13　留园庭园假山

图 3-2-14　个园夏山

### （二）石多土少的山

石多土少的山，是用较少石料建造的较大体量的石山。这类山在江南园林中数量最多，按结构可分为三种：一是山体四周与内部洞窟全部用石料构成，洞窟很多，山顶覆土较薄，如狮子林假山（图 3-2-15）；二是石壁和洞窟同样用石料，但洞不多，假山后部和顶部覆盖的土层较厚，如怡园和艺圃园中的假山；三是山体顶部和四周都用石堆砌，外石内土，不设洞，形成完整的石包土，如留园中部景区池北的假山。

### （三）石山的特点

石山对掇山技巧的要求较高，处理得当，假山会更富有表现力。掇山艺术家要做到对自然界的山有丰富的体验，同时具备较强的提炼、概括和表现的能力，在施工之前对设计作品了然于心。江南园林石山的突出特点体现为身临其境的游玩感受，采用欲上先下、欲进先退，欲通先隐的设计手法，利用曲折、崎岖的山路，引领游览者体验深山幽谷深邃神秘、交错穿插的空间特点（图 3-2-16）。如狮子林石山神形兼备，几乎运用了石山空间组织的全部手法，园中峰岩嶙峋、沟壑纵横，从平面上看极尽迂回曲折之能事，且从立体空间上看循环往复、高低错落，游人在其间行进游玩，时而攀登于峰峦之上，时而于谷底探幽，深得山林野趣。

图 3-2-15　狮子林假山

图 3-2-16　沧浪亭假山

## 四、孤峰

孤峰是一种特置石峰，有的峭立挺拔，有的温润浑厚，有的婉转玲珑，以其优美、富有灵气的造型而成为景点的主题（图 3-2-17）。例如冠云峰是留园内的一座独立石峰，高 6m，亭亭玉立，为江南园林峰石之冠，充分体现了太湖石“瘦、皱、漏、透”的特点，园主为了展现它的美，特意修建了一处院落，以冠云峰为中心，四面建亭、楼、台、廊相衬托（图 3-2-18）。

留园箬帽峰　留园拂袖峰　留园干霄峰　留园累黍峰　留园奎宿峰

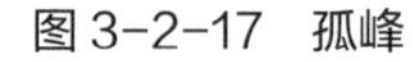

图 3-2-17　孤峰

图 3-2-18　留园冠云峰

孤峰一般根据造景的整体效果需要，挑选能独立成石、体量较大的块石，要求形状优美、线条流畅，具备观赏价值，常竖立在园林入口处，作为对景和障景之用；或放置在庭院中、亭侧、廊间及空窗、漏窗等处，作为视线的集中点；或置于园路、围墙、水边的转角处，用来表示空间的转换与衔接。

## 五、堆筑

### （一）基本条件

由于假山施工工艺和用材资源因素的特殊性，需要设计者全面了解掇山置石的艺术和技术，还要了解原生态石的产地、质量、形状、纹理、色调等，从而对单体或局部的设计做出简练、清晰的描述。

用黄石叠砌的假山称为黄石假山，其特点是棱角分明、层次清晰、刚劲有力、质感古拙。黄石多用来叠砌体量较大的组合山、池山、峭壁、山洞、蹬道、驳岸、石矶等，可创造出自然独到的使用效果和艺术效果，如网师园、拙政园、耦园的黄石假山。用太湖石叠置的假山称为湖石假山，其特点是轮廓线清晰流畅、纹理通顺、质感细腻、凹凸有致、富有层次变化，与主题和环境结合紧密，与私家山水园的风格相统一。江南传统园林中现存大量湖石假山应用佳作。同一处石景一般不混用黄石和湖石，应尊重自然规律，根据造景的环境来加以选择。

### （二）常用手法

掇山叠石常从平面、立面、空间多视角考虑以小见大，通过大小对比、轻重对比、主次对比、疏密对比、聚合对比、远近对比、高低对比、线面对比、曲直对比、前后对比、凹凸对比、虚实对比、隐显对比、藏露对比、明暗对比等，构成假山丰富的变化。

造山要因地制宜，充分利用环境条件，如在真山边缘处堆叠假山，以假仿真，一脉相承，浑然合一。掇山还要有主有次、和谐统一，结合高远、深远、平远理论，通过控制视距达到深山幽谷的亲临之感。掇山既要重视整体布局和结构完整，也要注重细节的处理，山麓、山脊、山顶之处模仿自然山势，山石细部的自然形态、纹理质地、色泽轮廓等都会影响近距离观赏效果。

传统园林置石的方式分为特置、群置和散置三种。在园林中以石造景，制作贴合环境的叠石小品，配以花木营造效果，是古典园林空间处理的常用手法，具体方式有屋前立峰、堂后置石、天井布石、房屋踏步、登楼石梯、廊间叠石、登亭踏跺、榭侧花台、置石立峰、贴水步石、叠石水洞、壁嵌隐石、门前置石、墙角镶石、区景花台、山石几案、引石点景等。

### （三）技术工艺

假山的结构由基础、中层和收顶三部分组成。基础包括筑基础和起脚，分为陆地和涉水两种，施工中又有桩基、灰土基础、混凝土基础之分。假山的基础要考虑地形、平面位置、山体造型和承重等因素，若临水池叠置水洞、崖壁时与水石矶、贴水步道同时考虑。中层是山体的主要组成部位，叠石应凹凸错落，要符合假山整体造型和收顶的要求，悬挑石不能有暗裂缝，且与上置石连接处角度要贴合。收顶也叫结顶，山顶是决定掇山整体重心和造型最主要的部分，收顶要把握山的总体观赏效果，与山的走向相呼应，力求细部处理富有变化、收头完整。叠石的具体做法有叠、挑、竖、挂、拼、压、垫、撑、钩等。

# 第三节　水

## 一、概述

中国古典园林追求自然山水形态，园林中当然少不了水。宋代的郭熙在《林泉高致》中详细描绘了水所具有的各种形态和特征：“水，活物也，其形欲深静，欲柔滑，欲汪洋，欲回环，欲肥腻，欲喷薄……”江南传统园林的理水来源于对自然水的概括和提炼，通过水体的动与静、水面的聚与分以及岸线、岛屿、矶背景的环境烘托，达到园因水而活的园林意境。

### （一）园林中水的作用

1. 调节园林气候

江南平原地区雨量较大，河巷纵横，地下水位较高，便于开池引水，因而江南园林中水系众多。在自然界中，水有调节大气湿度、改善小气候、滋润土壤等作用。园林中的水也有利于排、蓄雨水，既有助于调节气候，又可提供园内浇灌和消防用水（图 3-3-1）。

图 3-3-1　调节园林气候的水

2. 拓展园林空间

园林中的水可观赏、可游玩，巧妙运用“小中见大”“似有深景”的设计手法，充分发挥水无形的特点，模糊景观的空间界限，放眼望去，水天一色、山水一体，在较小的范围内营造丰富的空间感受，产生深远、开阔的视觉效果，使有限的园林空间具有无限延展的意境（图 3-3-2）。

图 3-3-2 拓展园林空间的水

3. 独特表现风格

园林水还具有独特的表现风格，以少量的水模拟自然界中的江、河、湖、海、溪、涧、潭、瀑、池塘，姿态万千，给人以丰富的感受。在水体设计上多采用写意手法，实现“木欣欣以向荣，泉涓涓而始流”的美好境界（图 3-3-3）。

图 3-3-3 独特表现风格的水

## （二）园林水体的基本单位

1. 池塘

水本无一定形状，有了容器才成水形。水与周边环境、自然地貌、池岸植物相结合，才能构成景观。池塘是水体的简单形式，采用条石、块石或片石砌筑成整齐的驳岸，再现建筑群中的规整水池或村野常见的莲池、鱼池。池塘景观在园林中偶有采用，如苏州曲园曲水池。

2. 湖泊

湖泊是园林中常见的水体形式，通常作为全园景观构图的中心，尤其是宅园，多围绕湖水布置其他景物。江南园林湖泊岸线曲折，园林湖泊模拟自然，用石块叠堤筑岸，垂柳拂水，草坡入池，湖面贴岸，湖中常设岛屿、石滩、矶、步石、桥等（图 3-3-4）。

3. 江河

园林中的江河多为带形分岔水体，可用以描绘自然江河景色，亦可模仿水乡田野河道，以土岸为主，间或散置几块自然石，岸边常点缀藤蔓植物，自然质朴。如留园西部活泼泼地以南的河流，河道弯曲，水面构图活泼，产生长流不尽的视觉效果（图 3-3-5）。

图 3-3-4　网师园水景

图 3-3-5　留园活泼泼地水面

4. 山溪

园林中带形水面的另一种表现形式为山间溪流，通常用自然石叠置岸边，造成河流冲刷河床、山石嶙峋的景象。如拙政园西园塔影亭山溪（图 3-3-6）和艺圃南斋小院周边的溪流。

5. 濠濮

濠濮是园林中山水相依的一种景致，水位较低，岸边叠石增高，形成山高水深的效果。例如苏州耦园东部地势较高而水位较低，造园时因地制宜，将水景处理为濠濮（图 3-3-7）。

图 3-3-6　拙政园西部塔影亭山溪

图 3-3-7　耦园东部濠濮

6. 渊潭

渊、潭都有水深的意思，园林中的渊潭水集中而水面狭小，岸边宜叠石，光线处理宜阴沉，水位不宜高。苏州环秀山庄半潭秋水一房山亭畔，就是一个充满趣味的渊潭（图 3-3-8）。

图 3-3-8　环秀山庄渊潭

7. 源泉

源泉是对园林中的天然水源进行艺术加工，或用跌落龙头模拟瀑布流泉从假山款款而下，如狮子林飞瀑（图 3-3-9），或结合山势仿照自然造渊潭泉池，如网师园的涵碧泉（图 3-3-10）和环秀山庄的飞雪泉。

图 3-3-9　狮子林飞瀑

图 3-3-10　网师园涵碧泉

## 二、理水

### （一）池面处理

1. 有聚有分，聚分得体

理水是对园林中水的梳理，包括水面大小、水的形态、水中植物、水面倒影的设计等。传统园林多以水池为中心，配合其他水体形式，与周边的假山、植物、亭台楼阁共同组合成丰富多样的园林景观（图 3-3-11）。园林中池面处理的总体原则是“大分小聚，有聚有分，聚分得体”，聚则水面辽阔，分则潆洄环抱，池面与岸边的房屋、花木互相掩映，构成优美的景色。

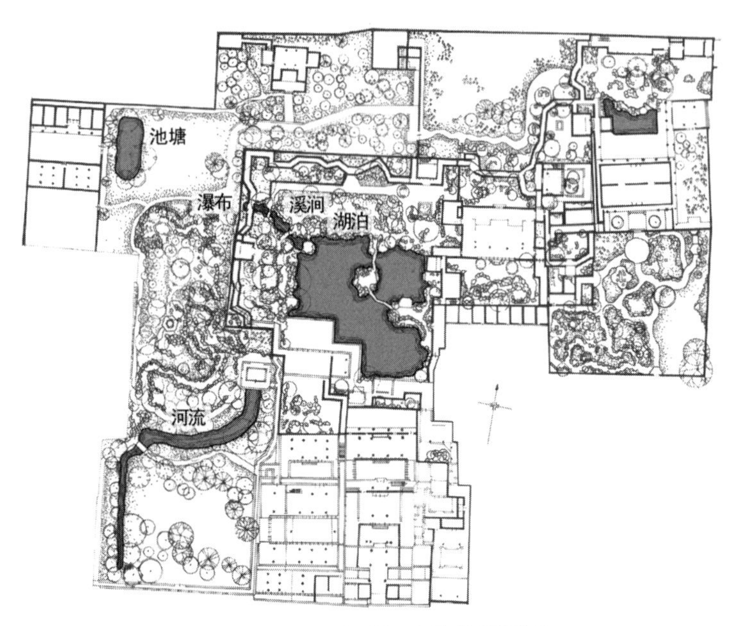


图 3-3-11　水型组合的典型平面

处理大而辽阔的水面，可以用不同的方式把水面划分为多个部分，建成各有特色的景区，以避免大水面的单调感，达到丰富水景之效。例如：拙政园水面占全园面积的五分之三，造园者利用原有的水源，横向开挖水池，水面以聚为主，在水中堆土建造东、西、南三座岛屿，用小桥、短堤连接，通过聚散的方式灵活处理，再由形状各异、丰富多变的水体把各个景区连接起来，使全园景观既统一又有主次变化（图 3-3-12）。对于小的水体则聚胜于分，可临水叠崖壁、山涧、水口等，营造曲折幽深、连绵不绝、悠远不尽之意。

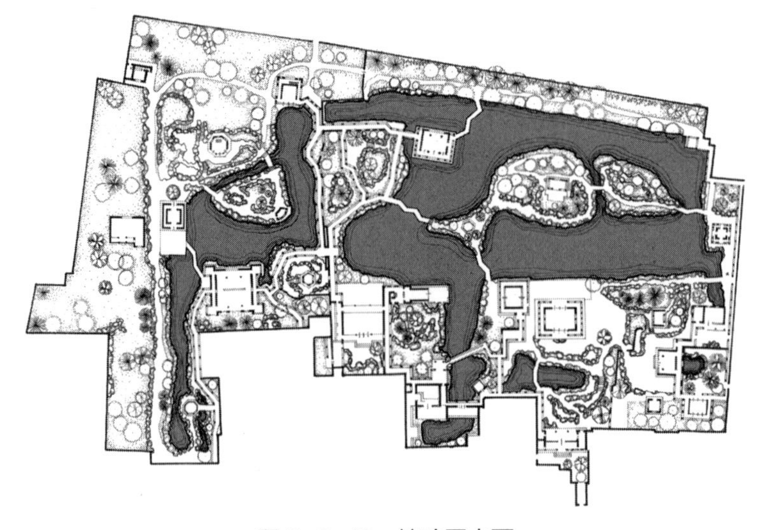

图 3-3-12　拙政园水面

2. 因地制宜，综合处理

园林中的水要综合考虑水池的形式和布局方式，根据地形地貌、水域大小以及周围环境的变化灵活处理。园内有水的可直接用来建湖，园外有水则可引水入园，园内无水则可想方设法挖池蓄水。对面积较小的园林和园林中的庭院来说，适宜做形状简单的水池，在水池四周点缀三两湖石，配植柳树、草花或藤萝，在池中种植睡莲、养鱼等。对面积稍大的园林来说，池面布置以聚为主、以分为辅，山水、植物、建筑要统一处理，可在水池一端分隔出小面积的水湾，或叠石成涧、瀑，使人感受到水蜿蜒不尽之意，如网师园水面（图 3-3-13）。

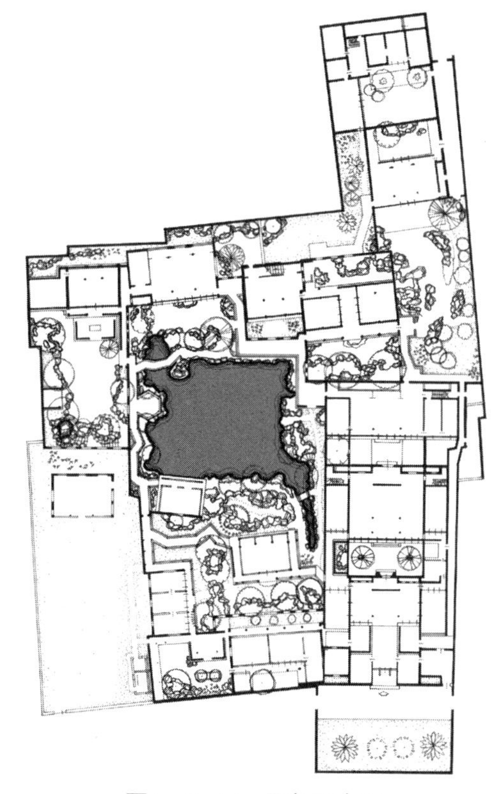

图 3-3-13　网师园水面

狭长的水池可在其中一端架桥或设水门，将水面分为有主有次的不同部分，如怡园以曲桥和水门将水池分为 3 部分（图 3-3-14，图 3-3-15）。在以山为主的园林中，常用带状水体环绕假山，纵向延伸至山脚或深入到山谷中，达到衬托山势、渲染环境的效果，如环秀山庄水面（图 3-3-16）。

3. 划分水面，巧留活口

江南传统园林一般依据水面大小不同而采取不同方式进行划分。对于宽广的水面，可用岛屿进行分隔，如拙政园中部和留园中部景区在池中设小岛。对面积较小的私家园林，桥是最常见的用来划分小型水面的形式，可使空间分而不隔（图 3-3-17）。除此之外，还可用水门、水亭或小型建筑等来划分水面空间（图 3-3-18）。

图 3-3-14 怡园曲桥

图 3-3-15 怡园水门

图 3-3-16 环秀山庄谷涧

图 3-3-17 水桥

图 3-3-18 水亭

为保持园中水长久清澈，需要使之流动起来，因此园林理水还要注意留活口。在处理活口时应留有空隙，或用山洞、石窦象征水的源头，或用涵洞处理水口，不用过多叠石，却可体现藏源、深幽、余韵无尽之意境。还可以在池中挖井泉，与园外地下水连通，以改善水质。

## （二）池岸处理

江南园林取法自然，水池有土岸也有石岸，或用石壁间隔、石矶与整齐的驳岸，或临水建造水阁、水廊等，以使池岸有丰富的变化，不至于呆板单调。

1. 叠石岸

叠石池岸不宜过高，重点是突出水面以上的观赏效果，池岸也不宜僵直，建筑宜悬出或架于水上，以便观赏景色。如网师园彩霞池南、池西北的石岸，上设月到风来亭，临风赏月，颇有情趣（图 3-3-19）。

2. 石矶

石矶是略凸出水面的景观，通常模拟自然岩石，多呈扁平状展开，成组平铺于岸边。如网师园彩霞池驳岸间以石矶，用黄石模拟自然山貌，水平状结构进行拼叠和压叠，低平展开，与主山横向造型协调，颇有韵律，成为云岗假山的余脉，与黄石山洞形成均衡之势（图 3-3-20）。

图 3-3-19 月到风来亭叠石岸

图 3-3-20 石矶

3. 驳岸

驳岸的造型较为单调，在江南园林中不常用，仅在建筑和平台临水的地方使用，一般采用自然叠石砌筑池岸，所需石材数量较多，施工较复杂，需选择合适纹理和形状的石材，石缝处理成水平状，可围连，可分段叠置，与水面建筑相配合，层次分明，曲线流畅，自然凹凸，并且与园内假山布局走向一致（图 3-3-21）。

4. 土岸

土岸较石岸更为天然，多一份自然野趣，但因其占地面积较大，小型园林中很少使用，在大规模园林中如果使用得当，会起到很好的效果。需要注意的是：为防止泥土坍塌，土岸坡度不宜过陡。如拙政园原中部小岛周围大量土坡，颇为生动质朴（图 3-3-22）。

图 3-3-21　驳岸

图 3-3-22　土岸

# 第四节 植 物

## 一、概述

植物是大自然生态环境的重要组成部分，对于表现自然情趣的私家园林来说，植物是描写园林生态环境、创造景观意境不可或缺的元素。江南传统园林中遍布花草树木，春日繁花似锦，夏日绿荫匝地，秋日色彩斑斓，冬日枝干遒劲。

### （一）园林中植物的作用

1. 均衡布局

江南地区气候温润，植物生长条件优越。园林中花木可以表达出勃勃生机，利用植物本身或将其同其他造园要素相结合，采用借景、障景、点景等造园手法，可以增加空间的层次感，使整个空间布局既统一又有变化，营造出均衡、和谐之美（图 3-4-1）。

2. 画龙点睛

园林中巧妙运用小造景植物，可以起到画龙点睛的作用。植物作为自然的造园要素配合山水、建筑，无需浓墨，只寥寥几笔就可使园林产生灵气，而描摹植物景观的诗文题刻更是成为神来之笔。如拙政园中部的荷风四面亭，亭中抱柱楹联："四壁荷花三面柳，半潭秋水一房山"，将春柳轻、夏荷艳、秋水明、冬山静刻画得栩栩如生（图 3-4-2）。

图 3-4-1 环秀山庄植物景观

图 3-4-2 拙政园荷风四面亭植物景观

3. 拓展空间

在园林中，采用藏露结合的方式配置植物，用摇曳生姿的植物填补砖瓦砌筑的建筑背景，让生硬的围墙隐约于蓬勃、婀娜的植物之间，大大增加了园林的生气。或是在围墙前配置高低错落的花木，起到拉伸视觉的效果，产生丰富的层次变化（图 3-4-3）。如网师园东墙以木香作垂直绿化，倾泻出迷人的花瀑，再种植高大的乔木，浓荫蔽日，幽香远播，生机盎然（图3-4-4）。

图 3-4-3　艺圃植物景观

图 3-4-4　网师园东墙植物景观

4. 丰富构图

园林植物姿态优美、观赏性较强，树冠的形态、树枝的疏密曲直、树叶的形状等，都追求天然的优美形态，力求与自然风景相协调，从而丰富园林的构图（图 3-4-5）。传统园林利用植物本身的轮廓线，通过视觉透视的变幻形成微妙的几何形体关系，创造出富有韵味的景观形态，更好地满足人们的审美需求。

图 3-4-5　自然优美的园林植物

### （二）园林植物题材

江南传统园林景观题材常取自花木，如扬州个园便是以竹为主题，“个”字相似而得名。园林中有的庭院直接以植物名称命名，如听枫园、槐树园、古五松园、梧桐园、枇杷园等，与园林植物相关的景点亦俯拾皆是，如看松读画轩（松）、揖峰指柏轩（柏）、云外筑婆娑亭（竹）、雪香云蔚亭（梅）、小山丛桂轩（桂）、小桃坞（桃）、月堤杨柳（柳）、桐华书屋（梧）、远香堂（莲）、海棠春坞（海棠，图 3-4-6）、林香馆（高粱）、玉兰堂（兰花）、十八曼陀罗花馆（茶花）、嘉实亭（枇杷）、绣绮亭（牡丹）、听枫仙馆（枫）、殿春簃（芍药）、待霜亭（橘）等，足见花木在构筑园林景观中的分量。

图 3-4-6 拙政园海棠春坞

## 二、花木寓意

### （一）季相变化

利用植物的季节性构成四时不同的景色是传统园林中常用的手法。俗话说“雕梁易构，古木难成”，江南传统园林非常重视四季之景的变化，花木发芽、生长、开花、凋谢的过程，正是大自然季节更替的体现。春季的桃红柳绿，夏季的映日荷花，秋季的黄叶红枫，冬季的雪后疏梅，园林塑造了一种理想的天地自然观。如在园林厅堂的庭院内种植玉兰、牡丹、海棠（图 3-4-7）体现春景，种植荷花、紫薇（图 3-4-8）、石榴构成夏景，枫树（图 3-4-9）、桂花、菊花侧重秋景，蜡梅（图 3-4-10）、山茶、南天竹则为冬景，用花期的交替衔接形成园中四时常新景色。

图 3-4-7 海棠

图 3-4-8 紫薇

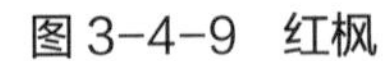

图 3-4-9 红枫

图 3-4-10 蜡梅

### （二）品格象征

传统园林中，设计者不满足于让植物带给人感官愉悦，而是更注重其文化的象征内涵，赋予植物不同的品格与寓意，代表了一种精神寄托和理想追求，成为人们托物寓兴、借景抒情的载体，通过主客观之间的相互感应，加深园林之意境。如留园五峰仙馆楹联：“与菊同野，与梅同疏，与莲同洁，与兰同芳，与海棠同韵，定自称花里神仙。”菊的超凡脱俗，梅的清雅疏阔，莲的质朴高洁，兰的清幽出尘，海棠的明艳洒脱，充分表达了景与意的统一。

### （三）寓意吉祥

有很多植物能让人产生丰富的联想，在园林中可组合出寓意吉祥的景观。例如：留园小桃坞宛如世外桃源，充满诗情画意；网师园万卷堂前种植玉兰，女厅前种植桂花，春观玉兰、秋赏桂，有金玉满堂之意；狮子林燕誉堂庭院内设有湖石花台，台上有石笋，周围丛植牡丹，配以两株木兰，寓意玉堂富贵。此外，植物的色彩、形状也是有寓意的，枇杷色黄如金，故有“摘尽枇杷一树金”的美意，而梅花因花开五瓣，被视为是五福的象征。

## 三、花木选择

### （一）花木的种类

江南地区优越的自然环境给植物的生长提供了良好的基础，因此园林中植物种类丰富，中小型园林中植物品种少的有二三十种，多的有六七十种，大型园林中植物品种可达百余种，详见江南园林常用植物品种表（表3-4-1），这些植物品种基本上可以在现存的园林中见到。园林花木配置一般以落叶树为主，结合常绿树，辅以藤蔓花木、竹类、草花、水生植物等，形成园林植物景观的基调。

江南园林常用植物品种表　　表3-4-1

| | | |
|---|---|---|
| 大乔木、乔木 | 落叶 | 银杏（公孙树、白果）、枫树（枫香、三角枫）、乌桕（棬子树）、垂柳（杨柳）、红叶李海棠、枫杨（元宝树）、梓树（豇豆树，花楸）、梧桐（青桐）、槐树（国槐）、臭椿（樗树）、楝树（苦楝）、白榆（钱榆）、朴树（千粒树）、玉兰（白玉兰）、榉树、山麻杆（桂圆树） |
| | 常绿 | 樟树（香樟）、枇杷、白皮松（白果松、虎皮松、蟠龙松）、罗汉松、马尾松（青松）、黑松、圆柏（桧、文武柏、刺柏）、青枫（细锯槭）、广玉兰、白兰花（黄葛兰）、桂花、女贞、冬青、日本柳杉（麦吊杉）、棕榈（棕树） |
| 小乔木、花灌木 | 落叶 | 牡丹、紫荆、紫薇（痒痒树）、丁香（百结）、木槿、迎春（腰金带）、连翘（黄绶带）、榆叶梅（榆梅）、珍珠梅（麻叶绣球）、郁李（小桃红、小桃白）、碧桃（双桃红、花桃）、西府海棠（子母海棠、海红、海棠梨）、贴梗海棠（铁脚海棠）、垂丝海棠（花海棠）、木瓜、石榴（安石榴）、槭树、梅（春梅）、蜡梅（黄梅花、金梅）、桃、李、杏、梨、柿、枣、林檎（苹果、柰）、绣球花（木绣球）、木芙蓉（木莲、地芙蓉）蓉、棣棠花、无花果、辛夷（木笔、紫玉兰、木兰）、柽柳（西湖柳、观音柳、三春柳）、樱桃、玫瑰 |

续表

| | | |
|---|---|---|
| 小乔木、花灌木 | 常绿 | 月季（月月开）、茶花（山茶、萼陀罗、曼陀罗）、含笑、杜鹃（紫阳、映山红、踯躅）、夹竹桃（柳叶桃树）、栀子花（黄栀子）、八角金盘、锦熟黄杨（黄杨木）、橘柑（红橘）、杨梅、六月雪（满天星）、素馨、香橼（枸橼）、南天竹（天竺）、虎刺（寿亭木、伏牛花）、茉莉花、珊瑚树（桃叶珊瑚）、橄榄（白榄、乌榄）、荔枝、槟榔、佛手（佛手柑）、匙叶丝兰（菠萝花） |
| 藤蔓花木 | 落叶 | 凌霄花（紫葳）、紫藤（朱藤）、葡萄、爬墙虎（爬山虎、地锦）、蔷薇、荼蘼、铁线莲 |
| | 常绿 | 木香（七里香）、金银花（忍冬）、薜荔、常春藤、络石（万字金银）、万年藤（木通）、枸杞、红蓼、十姐妹（七姐妹）、使君子、缫丝花（刺蘼） |
| 竹类 | | 江南竹（孟宗竹）、箬竹、罗汉竹、凤尾竹（孝顺竹）、紫竹（云纹竹）、方竹、紫竹（油竹）、黄金间碧竹、矮棕竹（棕榈竹、枝竹） |
| 草本花木 | | 石竹、书带草（沿阶草、绣墩草、龙须草）、虎耳草（金丝荷叶）、萱草、鸭跖草、芭蕉（芭苴、绿天、甘露）、芍药、菊花（食用菊）、兰、鸢尾（蝴蝶花）、玉簪、凤仙、鸡冠、夜合（何首乌）、蜀葵（一丈红、戎蜀）、锦葵（荍、芘芣）、黄秋葵、秋海棠、美人蕉 |
| 水生植物 | | 藕荷花（莲、荷、芙蕖）、睡莲（子午莲）、芦（芦苇）、穗花狐尾藻（金鱼藻）、紫萍 |

资料来源：杨鸿勋. 江南园林论［M］. 北京：中国建筑工业出版社，2009.

1. 荫木类

一般为冠大荫浓的树木，通常种植在庭院和山林中，是园林植物配置的基础品种。传统园林中使用较多的常绿植物有罗汉松、白皮松、马尾松、黑松、香樟、柳杉、桧柏等，使用较多的落叶植物有银杏、梧桐、榉树、榆、朴树、槐、枫香、糙叶树、臭椿、梓、楝、合欢、皂夹、黄连木等。

2. 观花类

园林植物在色、形、量、味方面各具特色，其中花色最为重要，观花类植物是园林赏景的主要对象。常绿植物有桂花、山茶、广玉兰、杜鹃、月季、夹竹桃、六月雪、栀子花、瓶兰、金丝桃、含笑、南迎春、探春等；落叶植物有玉兰、梅、牡丹、杏、桃、李、丁香、紫薇、海棠、木芙蓉、木槿、辛夷、蜡梅、绣球、锦带花、紫荆、迎春、珍珠梅、连翘、棣棠、榆叶梅、郁李等。

3. 观果类

以观赏美丽的果实部位为主的植物。常绿植物有枇杷、桔、南天竹、香橼、珊瑚树、枸骨等；落叶植物有石榴、枸杞、柿、枣等。

4. 观叶类

叶形奇特或叶色美丽的花木，是园中景色不可或缺的植物。常绿植物有石楠、瓜子黄杨、桃叶珊瑚、女贞、丝兰、八角金盘、宗榈等；落叶植物有枫香、乌桕、槭树类、山麻杆、红叶李、垂柳、柽柳等。

5. 藤蔓类

在园林中，木本或草木攀援植物必不可少。藤蔓植物依附于墙壁、山石和棚架上，填补空白，增加园中生气，使整个空间多了一份柔美与宁静。常绿藤蔓植物有木香、蔷薇、金银花、匍地柏、薜荔、常春藤、络石等；落叶藤蔓植物有紫藤、爬山虎、凌霄、葡萄等。

6. 竹类

竹姿态挺秀，经冬不凋，生长较快，风格多样，以竹造景、借景、障景、点睛、框景、移景，都能组成如画的美景，墙边池畔皆可种植。常用竹类植物有慈孝竹、斑竹、箬竹、观音竹、石竹、寿星竹、金镶碧玉竹、方竹、紫竹等。

7. 草本地被与水生植物类

园林花台中常种植草本地被花卉，根据花期合理搭配，构成四季景色。常见的有芭蕉、芍药、书带草、菊花、玉簪、萱草、鸢尾、诸葛菜、秋海棠、紫萼、鸭趾草、凤仙、鸡冠、蜀葵、秋葵、紫茉莉、虎耳草等。较常使用的园林水生植物有荷花和睡莲等。

### （二）植物的选择标准

1. 生物性

选择园林植物首先要了解其生物学习性，喜阴还是喜阳，宜湿还是宜干，耐寒还是耐热，适宜酸性土壤还是碱性土壤。栽植在适合的自然环境中，植物才能更好地生长。

2. 姿态美

园林植物选择注重枝叶扶疏、姿态横生，树冠的形态、树枝的疏密和曲直、树皮的质感、树叶的形状，都追求自然、优美（图 3-4-11）。所谓“梅以曲为美，直则无姿；以欹为美，正则无景；以疏为美，密则无态”即是此意。

3. 色彩美

植物的色彩美体现在叶、枝、干、花和果中（图 3-4-12）。观花、观果、观叶类植物可用来营造特定空间的重点景色，多以常绿树为背景，配植叶、花、果独特的植物，形成层次丰富、色彩鲜明的景致。

图 3-4-11 姿态美

图 3-4-12 色彩美

4. 有香味

园林追求清幽和雅致的环境，所以园中最好四季常绿、月月花香，适宜选择有香味的植物品种。一些植物的根、茎、叶、花、果也可用来制作各式园居点心，如藤萝饼、桂花糕、秋梨膏、橘子露、酸梅汤、莲子羹、菊花饮、藕粉、柿饼等。

5. 讲艺术

选择园林植物还要讲究艺术性，力求体现出园景的诗情画意。如拙政园听雨轩（图 3-4-13）和留听阁，听雨打芭蕉、荷叶，感受“秋阴不散霜飞晚，留得枯荷听雨声”的意境，非常具有艺术性。

图 3-4-13 拙政园听雨轩窗前芭蕉

## 四、植物配置

### （一）配置原则

江南园林非常重视植物本身的配置，花木的姿态、枝叶的疏密、色调的明暗以及乔木与灌木、常绿与落叶等的搭配，还需要考虑植物与周围环境，如建筑、山石、水面的有机结合。江南园林中，植物既是观赏的主题，又是园中造景的素材，可按色彩、姿态取裁植物景观，或按画理取裁植物景观，亦可按诗文、匾额、楹联取裁植物景观。

传统园林植物造景应遵循变化统一、平衡稳定、对比调和、节奏韵律等构图基本原则。植物本身的形态、色彩、比例要存在一定的差异，植物与周围环境既要保持一定的相似度，又要显示出多样性。均衡稳定是指植物之间应保持平衡关系，如在园林道路两旁，若一边种植数量较多、体量较小的花灌木，则另一边种植体量较大的乔木。对比主要通过植物的体量、色彩、线条等在构图上形成的反差达到突出主景的目的，同时注意其相互之间的调和，避免显得突兀。园林造景可通过规律的植物布局产生节奏感，在节奏的变化中体现园景的韵律。

### （二）配置类型

1. 孤植

孤植就是孤立种植单体植株，是传统园林中采用较多的一种形式，能充分发挥单株花木色、香、姿的特点，从视觉角度更具冲击力。树木本身各有自然的线条，能带给人独特的观感，或柔和，或古拙，或苍劲，单株更能充分地发挥其自然特性。孤植的方式适宜于满足小空间、近距离观赏的需求，单株花木常作为园林庭院景观的主体（图 3-4-14）。

2. 同一树种的群植和丛植

同一树种的群植和丛植，能够突出和强调花木某一方面的自然特征，使园景表现出有规律的变化。如扬州个园遍植翠竹，身处其中更多了一份幽静、自然的感受（图 3-4-15）。

3. 多种花木的群植和丛植

不同品种的花木群植和丛植，因冠形、色彩、叶形、高低等不同，犹如作山水画一样，能产生错落有致、色彩斑斓的效果。群植和丛植需要运用不同种类的植物材料，需要常绿树与落叶树相互配合，如大乔木搭配小乔木，下面间植灌木或花草，以达到层次丰富、轮廓起伏的效果，展现多样的园林景致（图 3-4-16）。

图 3-4-14　孤植

图 3-4-15　同一树种的群植和丛植

图 3-4-16 多种花木的群植和丛植

## （三）配置形式

1. 小空间内的植物配置

园林中建筑的前庭后院，廊和墙所围合成的院落通常空间较小，只能近距离观赏，景物不宜多，适合孤植或点植形态佳、兼具色香的花木，辅之以造型独特的太湖石，在白墙的衬托下非常醒目（图3-4-17，图3-4-18）。孤植时花木忌居庭院正中，宜偏于一角，大小、疏密与院落空间相呼应。可以在院内点种乔木或两株，一俯一仰；或多株，呈不等边三角形，各有向背，体现动势，可获得良好的效果。

图 3-4-17 可园庭院植物配置

图 3-4-18 留园曲廊一侧植物配置

2. 大空间内的植物配置

大空间宜配植体型高大的乔木，构成园林整体轮廓，以植物强化建筑物之间的联系，或用植物来划分园内景点（图 3-4-19，图 3-4-20），不同树木交错种植，疏密搭配，以达到加深景观层次、拓展视觉空间的效果。若需进一步扩大空间范围，往往采用更为多样的花木，用群植和丛植相搭配的方式配置，注意植物在竖向上的高低变化、疏密相间、与其他造园要素的配合以及整体空间氛围的营造，构成葱郁繁茂的景观意象，再现天然山野之趣。

图 3-4-19　艺圃水池周边植物配置

图 3-4-20　拙政园中部假山植物配置

3. 常用做法

传统园林花木栽种还有一些常用的做法，如东种桃柳西种榆、南种梅枣北种梨、槐荫当庭、移竹当窗（图 3-4-21），栽梅绕屋、堤弯宜柳、悬葛垂萝，榆柳荫后圃、桃李罗堂前，高山栽松、山中挂藤、水上放莲，修竹千竿、双桐相映，内斋有嘉树、双株分庭隅……此外，还可在屋内室外、厅前堂后、轩房廊侧、山脚池畔等处点缀花台、盆景、盆栽等，起到画龙点睛的作用（图 3-4-22）。

图 3-4-21　移竹当窗

图 3-4-22　庭院盆景

# 第五节 匾额、楹联、刻石

## 一、概述

中国园林讲究三境，即生境、画境、意境，其中的意境是指园林主人通过园林所表达出的某种思想或追求，这种意境往往以构景、命名、楹联、题额等形式来表达。江南传统园林历来重视匾额、楹联、刻石的设置，仅苏州一地古典园林中厅堂景点名称就有252处，匾额总计238块，楹联150副，砖额72块。

### （一）提升格调

匾额、楹联、刻石上优美的诗文有助于提升园林的格调，使园林增添书卷气。失去诗文点缀的园林，会让人感觉缺乏文化底蕴。

### （二）画龙点睛

匾额、楹联、刻石能够突出并深化园林的主题，对表达不同景点的独特情趣起到画龙点睛的作用。传统园林中的厅堂馆舍、楼阁亭榭等建筑物上，甚至岩石上，常有题名或题咏（图3-5-1）。

图3-5-1 园林中的各类题名和题咏（一）

图 3-5-1　园林中的各类题名和题咏（二）

### （三）开拓意境

匾额、楹联、刻石在园林艺术中最突出的作用，是借助造园家传神的精彩之笔引导游客联想，从而使景物升华到精神的高度。

## 二、形式特征

### （一）匾额

匾额是悬挂在园林建筑室内外檐下的题字牌，横的称匾（图 3-5-2），竖的叫额（图 3-5-3），统称为匾额，一般为木制或砖刻，其形式丰富多样，有秋叶形的秋叶匾、书卷形的手卷额、册页形的册页额、黑底白字的碑文额等。江南园林中白底黑字的匾额最为常见，厅内营造寂静肃穆之感。匾额上的文字通常以书法或篆刻的形式呈现，是对景点提纲挈领的描述，增添了游人的游赏体验。传统园林中匾额上的题字除介绍建筑的名称外，大多是具有美好寓意的词语，或绘景抒情，或述志兴怀。

图 3-5-2　匾

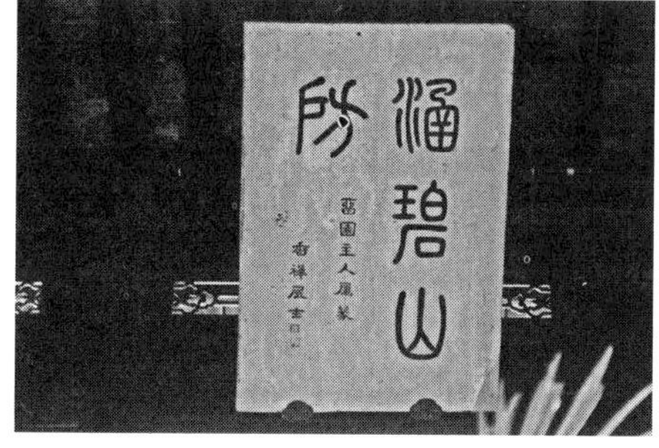

图 3-5-3　额

（二）楹联

楹联是悬挂、张贴或书写在园林建筑大门两侧楹柱上或大厅内墙壁上的对联。江南园林中楹联大多用木材制作而成，也有竹制，常见的形式是在银杏板上刻阴文，填石绿颜色，或在银杏板上刻阳文制成黑色浮雕字体，大方高雅。楹联从内容上分为自撰联和集句联两大类，多为集福纳祥之意。楹联的题材有咏景物、颂品格、叙事等，如网师园殿春簃书屋的写景抒情联“巢安翡翠春云暖，窗护芭蕉夜雨凉”，拙政园得真亭的咏物喻志联“松柏有本性，金石见盟心”（图 3-5-4），网师园濯缨水阁的警世格言联“曾三颜四，禹寸陶分”（图 3-5-5）。

图 3-5-4　拙政园得真亭楹联

图 3-5-5　网师园濯缨水阁楹联

（三）刻石

刻石是在石头上雕刻出文字、图案，或以石为原料雕刻的艺术品。园林刻石指的是园林中山石上的题诗刻字（图 3-5-6），文人雅士将古代法帖以及时人雅集、书作镌刻于石上，延展翰墨的时空和艺术形式，体现园居生活的状态和心境。如留园中刻石多达二百余块，集合了王羲之、王献之、颜真卿、欧阳询、唐寅、范仲淹、赵孟頫、苏东坡、董其昌、文徵明等诸多名家的书法珍品；怡园书法长廊有百余块刻贴，尤以《玉枕兰亭》13 行石刻最为珍贵。

图 3-5-6　园林刻石

## 三、艺术特点

### （一）意境之美

园林艺术注重“景无情不发，情无景不生”，江南园林在表现自然山水美的同时，又借助楹联、匾额、刻石升华到如诗画般的情景交融之美。诗文作为高雅艺术的载体，所传达出来的内在信息，能够带领观赏者进入其设定的艺术情境，在有限的空间之外获得思想的延展。江南园林有采撷色彩的翠玲珑、绣绮亭，有欣赏风姿的四时潇洒亭、竹外一枝轩，有倾听天籁的留听阁，还有闻花香的藕香榭（图 3-5-7）、清香馆等。拙政园雪香云蔚亭的对联“蝉噪林愈静，鸟鸣山更幽”，描摹出幽静、深邃、富有情趣的山林景色，表现了静态美的意境（图 3-5-8）。文人士大夫将其从自然和社会中体悟到的人生真谛及自己内心的情思，借助这些高言妙句，真实而巧妙地展现在游人的面前。

图 3-5-7　藕香榭匾额楹联

图 3-5-8　雪香云蔚亭匾额楹联

### （二）田野之美

园林由山水、植物、建筑等景物组成，是以物质形态存在的，其通过人的意识形态加工处理而成，让人在观赏过程中获得美好、愉悦的体验。江南传统园林模拟田园风光，本身具有恬静、闲适的自然生活美，而园林楹联、匾额的题词更深化了这一美学特征。拙政园的秫香馆、劝耕亭，名意为在此能够观赏到农桑田园之景色。沧浪亭翠玲珑对联“风篁类长笛，流水当鸣琴”，对联中的“清风、明月、水、山、竹、笛、鸣琴”刻画出高雅和闲适的自然之美（图 3-5-9）。

图 3-5-9　沧浪亭翠玲珑对联

### （三）文化之美

江南园林楹联、匾额、刻石既是艺术语言符号，是传达信息的载体，又是建筑物典雅的装饰品，成为园林中一道亮丽的风景线，具有文化景观之美。园林中的楹联、匾额、刻石，文字隽永，字体秀丽，形式多样，真、草、行、隶、篆……它们时而装裱华丽，时而素雅；一部分布置在室内，另一部分在庭院的石头或建筑上。它们本身就是园林景观，是古雅的文物，具有非常高的艺术和文化传承价值。

# 第四章　传统园林建筑构造

第一节　常用木料

第二节　木匠工具

第三节　木料加工

第四节　大木构架

第五节　厅堂

建筑是构成园林的重要元素，是园林空间中居住、待客、看书、抚琴、休憩、赏景、休闲的主要场所。传统园林中的建筑除符合一般建筑坚固、实用、美观的标准外，还要注意与周边环境的融合，同时建筑的结构、构造又有着自身的特点。江南地区的传统园林建筑多采用木构梁架结构（图 4-0-1），不仅建筑外形富有特色，木构梁架也是重要的展示内容。

图 4-0-1　传统园林建筑木构梁架

## 第一节　常用木料

木材是一种自然材料，作为建筑材料具有易加工、绝缘性能好、施工方便等优良的特性，同时也有一定的缺陷，因此需要认真选材并进行必要的加工。江南地区的传统园林建筑，常用的木料通常有两类，一类是原木，一类是加工过的板材；根据木质的软硬程度，又可以分为软木和硬木两大类。软木类通常取材于裸子植物中的针叶树，质地相对较软，纹理顺直，不易变形，耐久性较好，多用于建筑结构组件。一般取材于被子植物中的阔叶树材，硬木类质地相对较硬，木质细密，色泽美丽，纹理美观，常用于装饰和陈设，也有用于承重构件的。

### 一、杉木

杉树主干通直、质地均匀，是我国重要的用材树种，杉木具有材质轻软、强度适中、不易变形、易于加工、具有香味、抗虫耐腐等特性，适合用于木构建筑中。在传统园林建筑中，杉木常用于制作结构件及部分装饰件，如柱子、桁条、枋子、檩条、椽子、望板、楣檐、勒望条等。

## 二、松木

松树有常绿松和落叶松两大类。松木材质较杉木硬，纹理清晰，但防腐、防蚁、防虫性能较差，而且容易开裂变形，如果油囊处理不好，还会出现渗油的问题，因此在江南水乡地区，松木在木建筑中应用不多，有时可见用于一些草架部分或轩内的弯椽与草望板，且必须先对其进行防腐、防蛀、脱脂等处理。

## 三、柏木

柏树与杉树类似，树干通直，纹理顺畅，材质细腻。柏木也具有芳香味，由于其耐腐特性常被作为车、船、建筑用材。在传统园林建筑中，柏木常被用于装修及槛欨、实拼门中的木梢，工具中的木锤、瓦工中的灰板等，也有用它做扁作梁的。

## 四、樟木

樟树树径较大，木质细密坚韧。樟木材幅较宽，花纹美丽，不易折断，也不易产生裂纹，并且有浓郁的香气，可以驱虫、防蛀、防霉、杀菌。在传统园林建筑中，樟木常用来做轩的弯椽以及弯件转角、木雕件等，如楼梯转角扶手、美人靠（吴王靠）的脚料、花板、斗栱昂、佛像等。

## 五、榉木

榉木质地均匀，致密坚韧，密度大，抗冲击，且纹理清晰流畅，色调柔和美丽。在传统园林建筑中，榉木常用来制作承重的梁架，如开间的骑门梁、进深方向的大梁、花篮厅的花篮大梁以及转角梁垫、柱眼门木梢等构件。此外，榉木在民间还被广泛用于家具的制作。

## 六、银杏木

银杏是较高档的树种，江南地区广泛种植，生长缓慢，树干通直，木材优质。银杏木亦被称为“银香木”或“银木”，质地优良，纹理直，有光泽，结构细腻，不易变形，不易翘裂，容易加工，握钉力小，且有特殊的药香味，耐腐抗蛀。在传统园林建筑中，银杏木多用于高级的木装修上，如厅堂中的木装修、落地罩、匾额、抱对、招牌及精心雕刻的夹堂板等。

## 七、楠木

楠木是一种高档的木材，坚硬耐腐，使用寿命长，不易变形，较容易加工，且色泽淡雅柔和，纹理匀称细致，遇雨还有阵阵幽香。楠木不腐、不蛀、有幽香，多用于高规格的建筑中，如庙宇、宫殿及高档厅堂常使用楠木制作梁、柱等，江南地区一些花厅也有部分梁、柱或装饰使用楠木。

# 第二节　木匠工具

木料选好后，需要借助各种木匠工具来加工制作，此处介绍的工具主要是传统的木工手工工具。工具的好坏与是否趁手对于木匠十分重要，故有“做活一半，人也一半”的说法。一套好的工具是木匠手艺得到充分体现的重要保障。木工的手工工具主要包括斧、凿、锯、刨、钻、尺、墨斗、蔑青等。

## 一、斧

木匠一般有两把斧，一把口大且重，主要是在做大木活时用，如砍柱、梁、桁条或敲击等；一把口小，重量也较轻，常用于装修。传统建筑中木工用到的斧子，都是前角较后角短，且均为一面斧，以满足使用时的手势、角度等。

## 二、凿

凿的种类有很多，如平凿、圆凿、斜凿、扎凿等，这是因为建筑的等级、规模不同，其部件尺寸规格也不同，所需的孔槽、榫眼、倒角等也大小不一。

平凿有多种规格，有用于门窗装修和芯子上榫眼的一分到三分平凿，有用于大木和装修上柱枋榫眼和门窗装修打眼挖孔的二、三分到八分的平凿，有宽为一寸的寸凿和薄凿等。圆凿也有多种规格，有一分半到三分的圆凿，有五分圆凿，有一寸圆凿，还有更大规格的大圆凿等。斜凿一般分大、中、小三种规格，可根据实际需要选用。扎凿是一种无锋口钢凿，常用来凿撬或凿铁钉之类。

## 三、锯

锯主要是用来断料、截角的，根据需求的不同，木工所用的锯也有很多种。

被称为过山龙的螃皮锯，锯条较宽，通常用于断料，需要两人合作使用。大锯尺寸通常在二尺四寸到二尺七寸左右，用于稍大木料的截切、锯平等，如锯平柱脚、锯枋子、断小料、开榫头等。中锯比大锯要小一些，尺寸在二尺到二尺二寸左右，锯齿亦较大锯细小一些，主要用于稍小规格木料的截切与锯平，如木装饰材料。小锯有粗齿、细齿之分，其中粗齿小锯尺寸稍大，约为一尺五寸到一尺七寸，常用来锯小料、板材以及门窗锯角等；细齿小锯尺寸稍小，约为一尺二寸到一尺四寸，常用于窗格和挂落芯子的截肩、割角等。除此之外，还有专用来锯圆曲形的绕锯和开斜口槽的穿桃锯等。锯除大小不同外，外形基本一致，有的在形式上稍有地区差异。

## 四、刨子

刨子是用来刮平木料的工具，种类繁多，以满足刨直、削薄、出光、刨平等不同使用需求。

长推刨分为粗推刨和细推刨，其中刨口大的即是粗刨，刨口小的即为细刨，粗刨是用来刨出基本形状的，细刨则用来修正、刨光。短刨也叫短推刨，同长推刨一样，也分为粗细两种，通常用来刨木板和刨光、刨平木料表面。中长刨长度介于长刨和短刨之间，亦分粗细两种，可用来粗刨柱、梁、枋子等。阴刨是专用来刨柱子、桁条、梁、椽子等圆形构件的刨子。凸底刨是专用来刨弯里口木、弯楣檐、弯摘檐板、轩弯椽等弧形构件的刨子。浑面刨分为大小两种，其中大浑面刨常用来刨窗框、景窗框、挂落边框的浑面线；小浑面刨则专刨窗芯和挂落芯子的浑面线脚。亚刨主要用来处理亚面线，也分大小两种，大亚刨用于处理窗框的亚面线，或是刨连机圆径面、抱柱和桄的亚面及窗间的合缝鸭蛋缝，亦可在做斗时刨坐斗下腰用；小亚刨则是专门用来处理窗芯子及挂落芯子所需的小亚面线的。样线刨有多种样式，尺寸有一分半到三分多种，可以刨出各种线形，最常见的是木角线和角里圆线，常用来刨纱槅内棚子线或古式八仙桌、椅的线条。槽刨是起槽口用的，以使夹堂板、垫板、镶板等能嵌入槽内，其大小也有数种，大尺寸的多用于垫板、夹堂板，小尺寸的则常用于窗上的裙板、夹堂板和玻璃槽等。铲口刨通常用来打高低缝和铲口，如窗扇之间的缝和直拼门板的板缝、槛桄的铲口等。线方刨是刀口为满口薄形的小刨，用于修正线条边、铲口线及边缝，常和铲口刨、槽刨等合用，以修正线条并使侧面光滑。滚刨也称一字刨，用来刨光构件的圆曲形，如大梁挖底、柱头卷杀及柱底倒棱的修正、刨圆等。兜肚刨俗称“一块玉”，因专用于刨裙板和夹堂板的兜肚而得名，有圆口和方口之分。边刨一般较为小巧，为铲狭条铲口，做成单手式，适合一只手操作，可铲刨拼板的高低缝和玻璃铲口。

### 五、钻

钻是用来打眼的工具，如门窗板的拼钉眼、拼枋的钉眼、门窗槛的孔眼等。打眼具有以下作用：便于部件拼接，防止木料开裂，预埋钉子等。钻主要有牵钻和舞钻两类，在使用方式上略有不同。

### 六、尺

传统建筑构件加工用尺有六尺杆、大曲尺、短曲尺、蝴蝶尺、大小活尺等。不同的尺会有不同的用途，但都是用于测量。选择什么样的尺没有一定的规范，以使用方便为基本原则。

现在进行古建营造，还可以使用三角尺、钢卷尺、活动角尺等现代工具。

### 七、墨斗

墨斗分为双手墨斗和单手墨斗，通常由工匠自制，多用生漆（大漆）溏底，这样不易腐烂和开裂，经久耐用，便于保存。单手墨斗较小，多使用单块木料制作而成，以一面连线盘架，双手墨斗比单手墨斗要大，用来给较大的木料画线。

## 第三节 木料加工

木料是一种天然材料，用来制作建筑构件，大多需要经过加工才能使用。

### 一、干燥处理

天然木材需要经过干燥处理才能用于加工制作建筑构件。干燥处理有多种方式，都是要实现减少木材含水量的目的。木材干燥有以下作用：减轻木材的重量，提高其力学强度，防止开裂与变形，从而保证木材的质量；改善木材的物理性能以适应多样的加工工艺；防霉、防腐、防虫、防蛀等。传统建筑中木材通常采用自然干燥的办法，如古老而又简单的大气干燥方式，就是把木材进行分类，按照一定的方式堆放在通风、干燥、空旷的场院或棚舍中，通过空气自然流通，逐步带走木材内的水分，以达到干燥的目的。此外，也可以采用简易的人工干燥方式来解决自然大气干燥时间长的问题。人工干燥方式一种是用火烤、烟熏，另一种是先用水煮，去除木料中的树脂，然后再自然大气干燥或烘干。随着现代科技的发展，有了很多先进的设备和技术，如干燥房干燥、除湿干燥、真空干燥、太阳能干燥、微波干燥、高频干燥等，提高了木材干燥的效率，提升了建筑木料的品质。

做好木材干燥能有效防止或减轻木材开裂、变形、腐朽、虫蛀等问题的发生，以避免因结构部件承载能力降低而给制作、安装造成的困难。如果木材未充分干燥，还会出现安装好的部件芯子松动、板缝拔空、油漆脱落等现象，直接影响工程进度和质量。因此，木材干燥加工是木结构建筑建造前重要的准备工作，必须做好以保证木构件的质量。

### 二、置备检验

营建建筑，不论是单体还是一组，都需要对所需木料开列出构件的清单，统计木料的品质、规格、尺寸、数量等，用以置备材料。在置备过程中，要注意木料的充分利用，大料大用、小料小用、废料充分利用，以做到物尽其用，避免浪费。

传统园林建筑木料有圆作和扁作之分（图 4-3-1，图 4-3-2）。圆作就是主要承重结构为圆形截面的木料，殿、庭等用料较大的建筑，有些构件会使用两段、三段乃至四段拼合而成的圆形截面构件（图 4-3-3）；而扁作则是主要承重结构为矩形截面的木料，先将圆木加工成方形截面的材料，然后可以用实叠或虚拼的方法予以加高（图 4-3-4）。除此之外，我们还能看到一些传统建筑大规格的柱子、枋子等构件是用小木料接长或拼粗的，这种对较小规格的木料进行加工，从而满足较大规格使用要求的方式，是我们的先辈充分利用自然资源的体现。

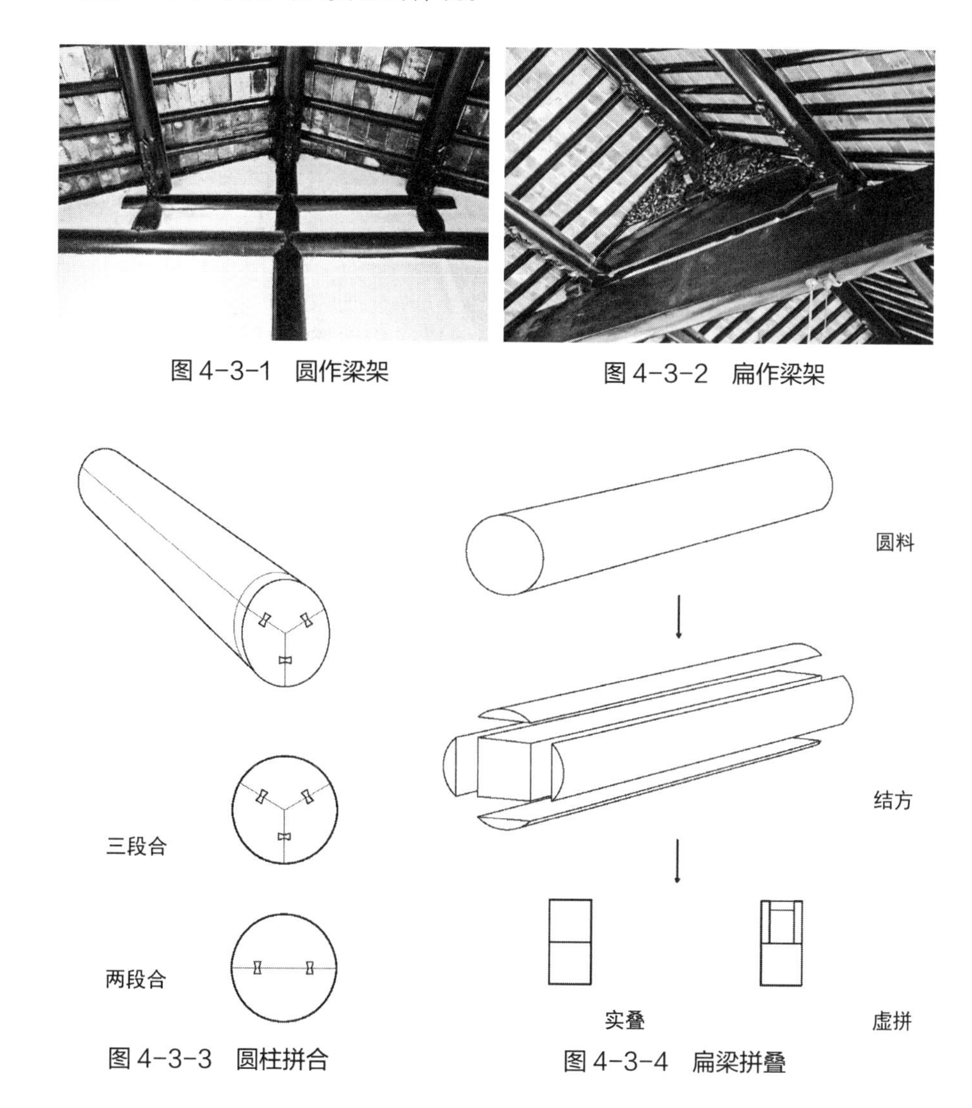


图 4-3-1　圆作梁架

图 4-3-2　扁作梁架

图 4-3-3　圆柱拼合

图 4-3-4　扁梁拼叠

由于受到形制、结构、等级等因素制约，传统建筑的用料数量基本是固定的，在建设前就需要确定所有构件的数量，清楚各个构件的规格、尺寸，这样才能有的放矢地对木料进行加工。江南特别是苏州地区的传统园林建筑，各构件的尺寸是根据相关的开间、进深进行换算的，而非以檐口高低来折算。

确定所需木料的数量和规格后，就需要采购木料。因为树木其生长过程中难免会出现一些缺陷，如被称为木之“八病”的空、疤、破、烂、尖、短、弯、曲等，置备材料时一定要考虑这些缺陷，特别要注意的是，跨度较大、承载较重的大构件不能使用有缺陷的木料，这种木料一般只能锯解后用于一些小构件。

因为木材是天然建筑材料，出现问题是正常的，因此木料在加工前还必须进行选配检验，就是对原木和原条材进行检查审验，来识别木料的好坏，看是否符合要求等。做好选配检验，可以保证木构件的质量和美观，同时也能做到料尽其用，减少木料的浪费。

### 三、构件初加工

材料和工具准备好之后，就可以开始进行构件制作了。在加工前，需要对所有部件了然于胸，在保证质量的前提下尽可能节约材料。因此，在木料的加工过程中，须先加工大料、长料，再加工小料、短料，这样才能充分利用加工大料、长料过程中剩下的边皮、角料，以减少浪费。如先加工大梁、大规格的柱和桁条，然后用中梢头断一般规格的柱和枋，用梢头断椽子、飞椽、里口木、连机等部件。一般来说，应充分利用锯梁和结枋时产生的边皮加工椐檐、勒望、望板、瓦口板、摘檐板等小部件。

制作建筑构件的原木，一般需要先进行初步加工，使其成为一定规格的木料，再使用初加工过的木料进行构件制作。初步加工主要是将原木加工成规则的枋材或圆料。其他构件的木料也须进行类似的初步加工，使之达到所需的规格要求，以备进一步的制作。需要注意的是，初步加工涉及加工余量的问题，须在满足构件质量、规格要求的前提下，因材制宜，节约木材。

### 四、画线与制作

在过去，传统建筑构件的制作与安装没有图纸，只是利用长短不同的木尺以及模板等进行度量和画线，其中一种叫作“六尺杆”的长尺是最主要的度量工具，其长度即为六尺，有总尺和分尺之分。不过仅用六尺杆是不够的，有些部位需要借助角尺、短尺、模板等辅助工具来画线。

画线是构件制作的第一步。常见的画线符号有中线、升线、掸线、截线等，榫眼画线符号又分透榫和不透榫两种。画线时难免会出错，需要进行更正，为区别有用线和废线，要在用线上画上“×”，在废线上画上“○”，以示区别（图 4-3-5）。

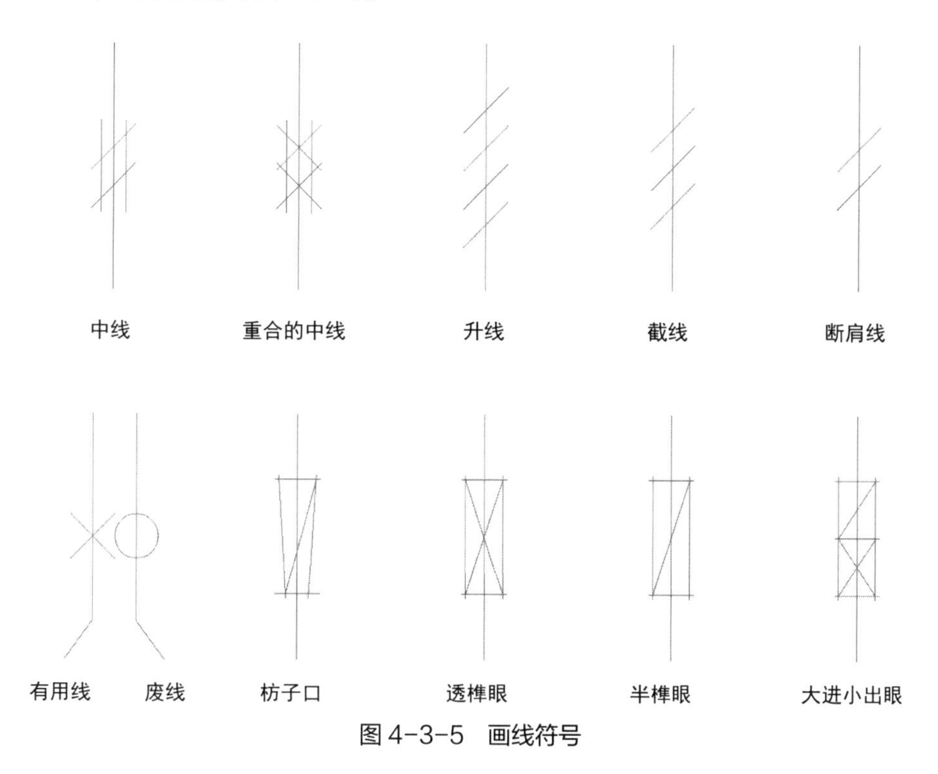


图 4-3-5 画线符号

木料画好线后即进入构件制作过程。各种大小构件，如柱、梁、桁、枋、椽、门窗、挂落、望板、勒望等，由工匠依据所画之线加工制作，满足规格、造型、装配等要求，然后按从下到上、先大木构架、后装折配件的顺序装配，营建屋宇。

## 第四节　大木构架

江南园林建筑多采用木构梁柱与填充墙体结合的结构体系，有“墙倒屋不塌”的说法，因而大木构架对于传统园林建筑至关重要，务必保证其质量。

### 一、开间与进深

江南传统园林建筑单体多为矩形平面（图 4-4-1），长度方向称为宽，即通面阔，并由梁架分隔形成间架，相邻两榀屋架之间称为一间；垂直于开间方向称为进深，其空间由界构成，即相邻两根桁条间的水平投影距离。

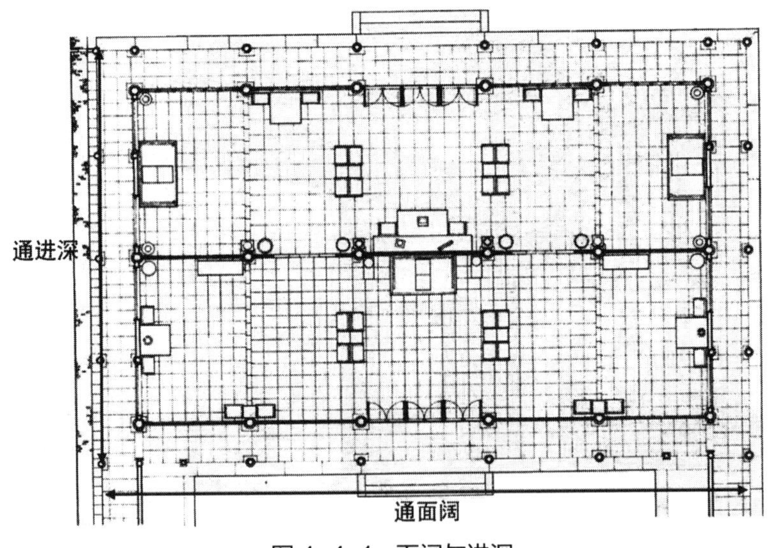


图 4-4-1　面阔与进深

江南传统园林建筑多为三开间或五开间，正中为正间，两侧为次间，两端的硬山建筑称为边间，四出坡顶的建筑称为落翼（图 4-4-2）。进深大小多为六界、七界。江南传统园林建筑的正贴通常采用抬梁式构架，以减少落地柱子的数量，利于室内空间的使用；紧靠山墙的边贴，通常脊柱落地，形成前后双步的形式，以缩小承重构件的断面尺寸，提高建设性价比；大梁一般长四界，有步柱支承，其下空间称为内四界，其前常有轩，其后通常有后双步（图 4-4-3）。当然，园林建筑中也有深三界或五界的大梁（图 4-4-4）。

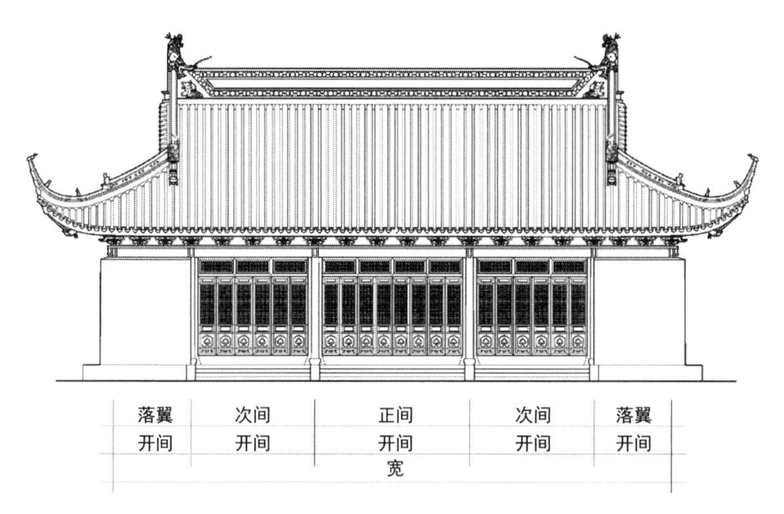


图 4-4-2　开间

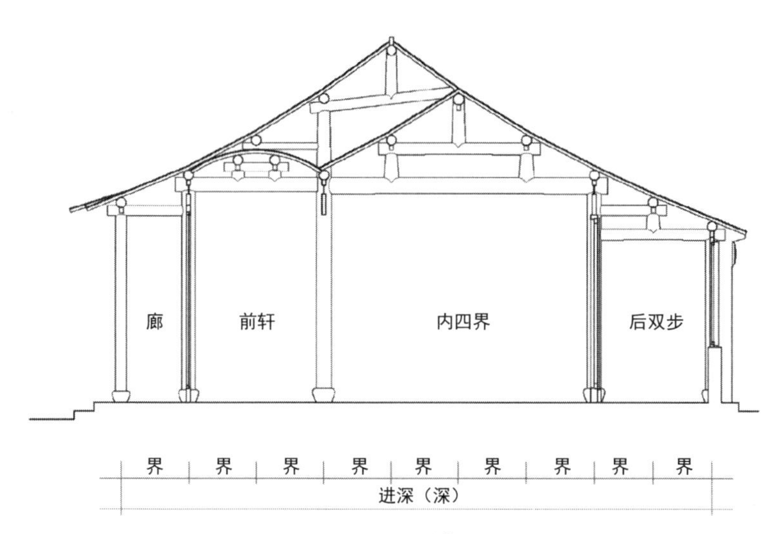


图 4-4-3　进深

图 4-4-4　五界大梁

传统园林建筑的檐口高度与开间也有一定的比例关系，通常按正间面阔乘 0.8 确定檐口高度，但在实际操作中需要根据具体情况进行调整，如较低矮的平房的檐口高度不能低于一丈（鲁班尺），而有牌科的厅堂则需再加上牌科的高度。

## 二、提栈

传统园林建筑的坡屋面并非是斜面，而是一个曲面，并且自上至下逐渐由陡趋缓，既有利于排除雨水，又提升了建筑的美观效果。曲面来源于传统建筑木构架的特殊处理方式，宋代建筑采用的方式称为举折，到清代官式建筑采用的方法称为举架，而苏州地区则采用提栈的方法（图 4-4-5）。这三种方法都能达到曲面的效果，但在计算和操作时有明显的差异。提栈的数值是相邻两桁之间高差与界深之比值，也可以理解为界深乘提栈之数值即为两桁之间的高差。提栈的计算从檐口开始，以第一界的界深为基准起算，再根据建筑的界数确定顶界的提栈算数，得出基准起算与顶界算数的差并平分至各界，最后以得的各界的数值乘界深得到两桁间的高差尺寸。提栈的计算有一定的规则，同时也要遵循高等级的建筑屋面较陡峻、低等级的建筑屋面较平缓的原则。

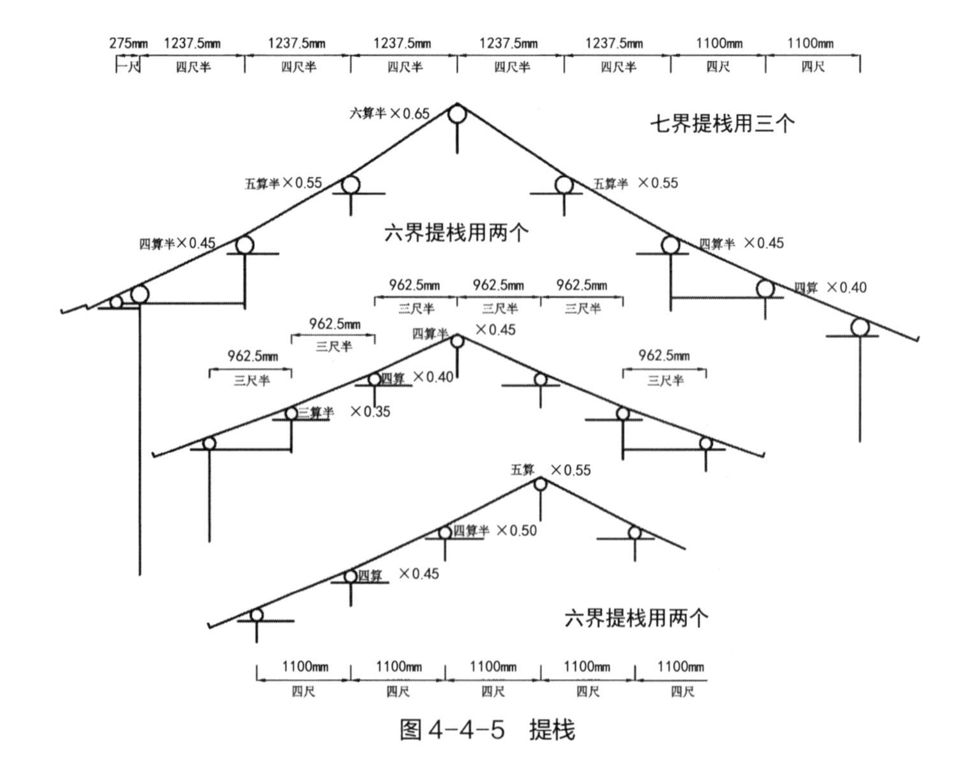


图 4-4-5　提栈

## 三、木构件

传统园林建筑由很多木构件装配而成，其中主要包括柱、梁、枋、桁、椽、牌科等。

### （一）柱

传统园林的大木构架中，所有直立的构件都属于柱这一类，依据所在位置或形式不同，每种柱都有专门的名称（图 4-4-6）。位于屋檐之下的叫檐柱；用来承托大梁的为步柱，若步柱悬于梁枋之下，并且下端雕成花篮状，则被称为花篮柱或荷花柱；还有位于屋脊之下，上承脊桁的脊柱；内四界前若设有翻轩、前廊等，则轩前的柱称为轩柱，廊前的柱称为廊柱；童柱则是指立于梁上的短柱，因其所处位置不同也有不同的称呼，大梁之上的叫金童柱，山界梁上的叫脊童柱，双步之上的叫川童，且童柱仅圆作时使用，扁作则以坐斗、梁垫等代之。此外，攒尖亭之类的建筑中的灯心木也属于柱类，其作用是作为各老戗根部的支撑点。

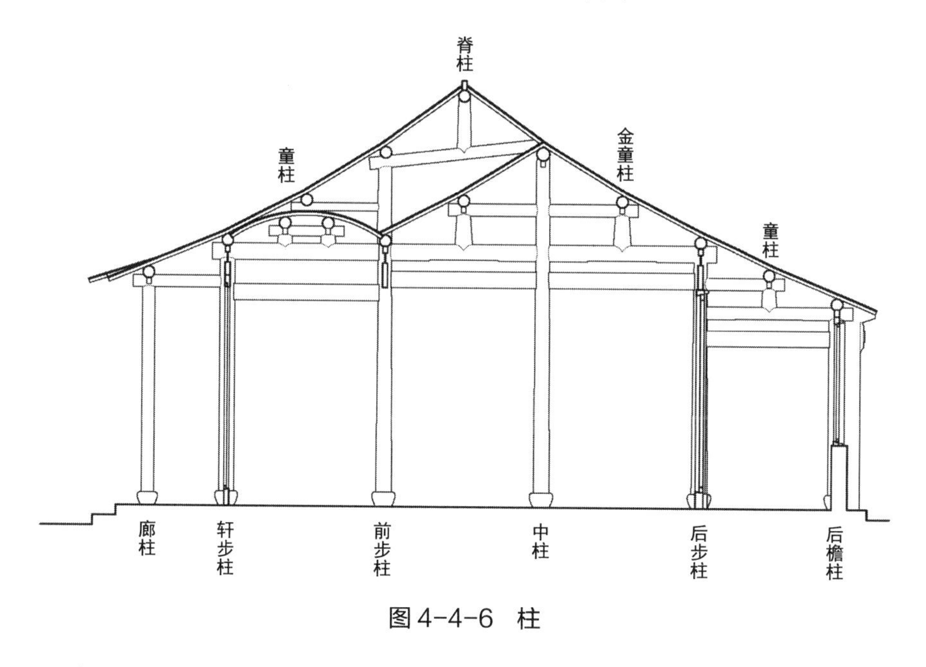


图 4-4-6　柱

### （二）梁

梁是传统建筑中重要的承重构件，一般置于柱之上，与建筑进深方向一致，主要承受梁上构架与屋顶的载荷。梁有圆作、扁作之分，依据所处的位置不同，其名称及形状也各不相同。在江南传统园林建筑中，梁类构件主要包括大梁、山界梁、双步、川、轩梁、枝梁、搭角梁等（图 4-4-7）。

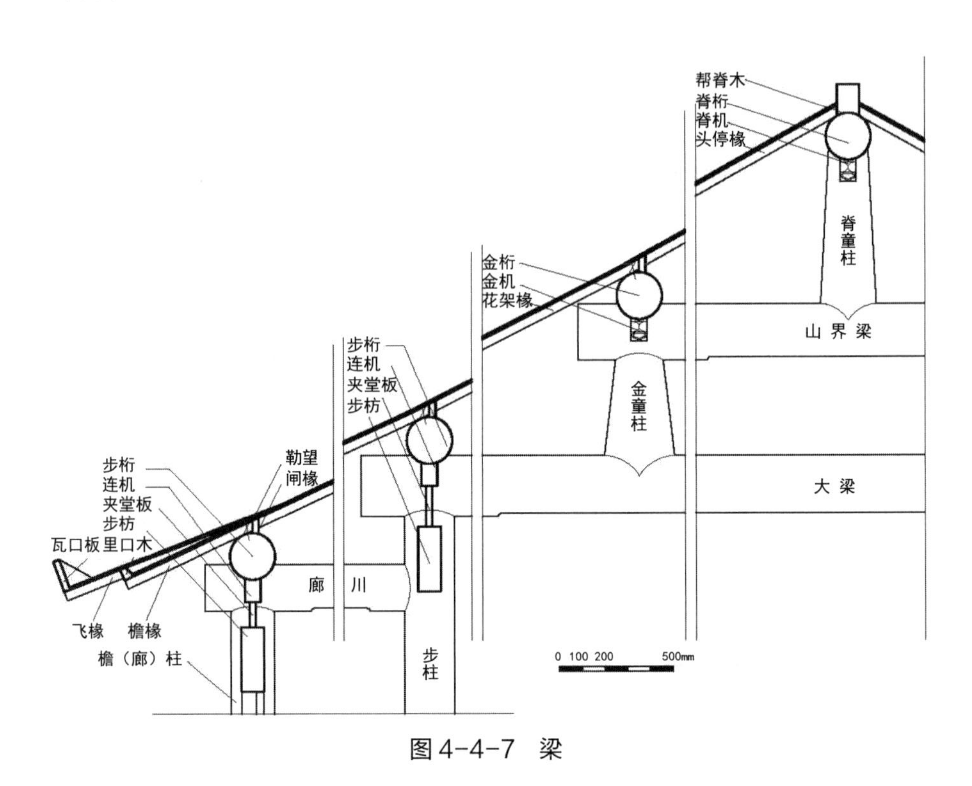


图 4-4-7　梁

大梁架在正贴步柱之上，因正贴步柱间一般深四界，所以大梁常被称为四界大梁（图 4-4-8）。山界梁架于金童柱之上，其形式及画线、制作程序等与大梁基本相似。在江南传统建筑中，七界平房和厅堂的内四界后面一般都连有双步，另外边贴中柱落地，其前后也都以双步替代大梁，双步的画线程序与大梁、山界梁基本相似。园林建筑内四界前如果进深为一界，其檐柱和步柱之间以廊川相连，双步之上则用短川连于柱和川童（或斗）之间。传统建筑的轩有内轩、廊轩之分，其间的梁称为轩梁。枝梁是架在前后檐桁之上的梁架，一般都为圆作，主要用于体量较小的亭榭类建筑，以使室内获得足够的无障碍空间。搭角梁与枝梁的功能相似，只是架构位置不同，是斜搭于相邻的檐桁之上的梁架，也多为圆作。

（三）枋

枋类构件属于建筑中的联系构件，在传统建筑中起拉结和稳固梁柱的作用，主要是在开间方向上起到柱与柱之间相互拉结的作用（图 4-4-9）。依据位置的不同，枋有檐（廊）枋、步枋、脊枋等区分，其形式和尺寸大致相同。在江南传统建筑中，桁条之下的机也是枋类构件。机分短机和连机两种。其作用有三个：一是提高桁条的承载能力，二是拉结上部桁条，三是增强室内装饰的效果。短机多用于脊桁、金桁及轩桁之下，出于装饰的要求，常雕出水浪、蝠云、花卉、金钱、如意等纹饰（图 4-4-10）。在带牌科的厅堂、殿庭类建筑中，在廊柱间会设置斗盘枋。此外，由于殿庭建筑尺度较大，常会在大梁之下辅以随梁枋，既可以提高大梁的承载力，还能增加室内装饰效果。殿庭大梁大于六界时，随梁枋和步枋下还要再加一道四平枋。在边贴的双步、廊川之下，通常用枋拉结前后柱子，这种枋称为夹底。

图 4-4-8　四界大梁

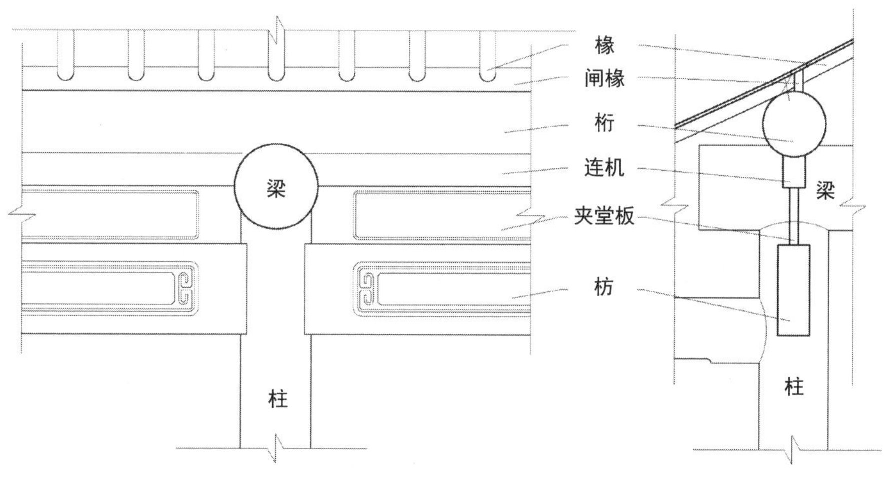


图 4-4-9　枋

图 4-4-10　花机

## （四）桁

桁条也称栋，通常架于梁端，是平行于开间方向的承重构件（图 4-4-11），根据位置的不同，可以分为梓桁、檐桁、步桁、轩桁、金桁及脊桁等，其中檐桁、步桁、金桁、脊桁等均为圆作，而梓桁和轩桁则依据建筑构架是圆作还是扁作来确定其断面形式。通常桁条围径以正间面阔的十分之一点五为定例。安装在正贴梁架上的桁条，长度为开间长加上一羊胜式榫头长，而安装在硬山边贴上的桁条，会将桁头伸出梁中线半个梁径或半份梁厚，以保证其与梁的外缘平齐。架于殿庭歇山顶山花内侧的桁条，需根据建筑规模伸出构架中心线二尺半左右；四坡顶的檐桁，其桁头需伸出柱中一尺；多角攒尖顶的桁条则为斜交搭接。

图 4-4-11　桁

## （五）椽

椽架于桁条之上（图 4-4-12），根据所在位置不同，各有不同的称谓。介于脊桁与金桁间的是头停椽，头停椽以下为花架椽，伸出檐桁的称出檐椽。厅堂、殿庭类建筑较平房规格高、尺度大，因而在出檐椽上另加钉飞椽。此外，四出屋面的屋角处要用摔网椽，这种椽子由与开间方向垂直逐渐向斜向变化，以便与临边的椽子衔接，如果屋角需要实现更大的起翘，则会采用“嫩戗发戗”结构，那么还需在摔网椽的前端设置立脚飞椽（图 4-4-13）。

图 4-4-12　椽

图 4-4-13　摔网椽与立脚飞椽

## （六）牌科

牌科即斗栱，是吴地的俗称。在我国传统建筑中，斗栱是一种特殊的标志性构件，带有明显的国家特色与民族特色。斗栱是木构架建筑屋顶和屋身立面上的过渡，承载屋檐重量并将其传导到柱、枋直至建筑基础，同时还具有装饰建筑立面的作用。在《营造法式》和《清式营造则例》中，斗栱的某一尺寸都被用来当作权衡该建筑各部分尺度、比例的基准，因而斗栱具有多种规格，可以满足不同建筑的需要。在苏式建筑中，牌科的规格要少很多，仅有四六式、五七式和双四六式等几种（图 4-4-14）。其中四六式牌科式样小巧，主要用在亭阁、牌楼之上；五七式牌科常用于厅堂及祠祀类建筑的门第上；双四六式牌科尺度较大，一般用于殿庭类规模较大的建筑。

牌科不是单体部件，是由斗、栱、升、昂等构件组合而成的（图 4-4-15）。一组牌科中最下面的构件称为斗，也叫坐斗，一般坐于斗盘枋或梁背上，其上安栱；栱是水平放置的构件，其具体名称依据所处的位置而确定，如斗三升栱承于斗口中，斗六升栱架于斗三升栱上面，十字栱与斗三升栱垂直相交，若十字栱仅做一半，只向外出参，则称为丁字栱等；升安于栱、昂之上，形式与斗类似，其上承托栱、昂、云头、连机等；苏式建筑昂的形式有靴脚昂和凤头昂两种，其中靴脚昂的使用受到等级限制，不如凤头昂多见。

牌科依据所处位置的不同，可以分为柱头牌科、桁间牌科、角科以及替代梁上短柱的梁端牌科、隔架科、襻间牌科等。牌科依据形式，可以分为一斗三升（图4-4-16）、一斗六升、丁字科、十字科、琵琶科（图4-4-17）、网形科（图4-4-18）等。

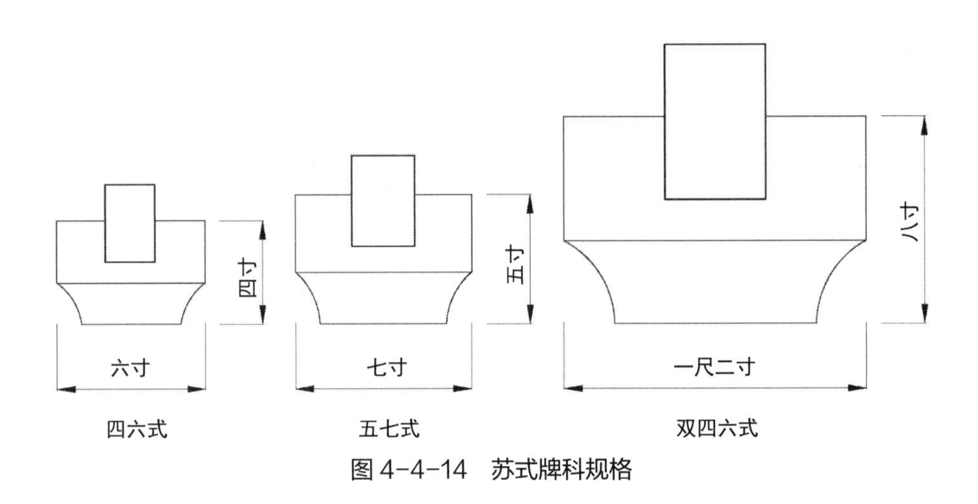


图4-4-14　苏式牌科规格

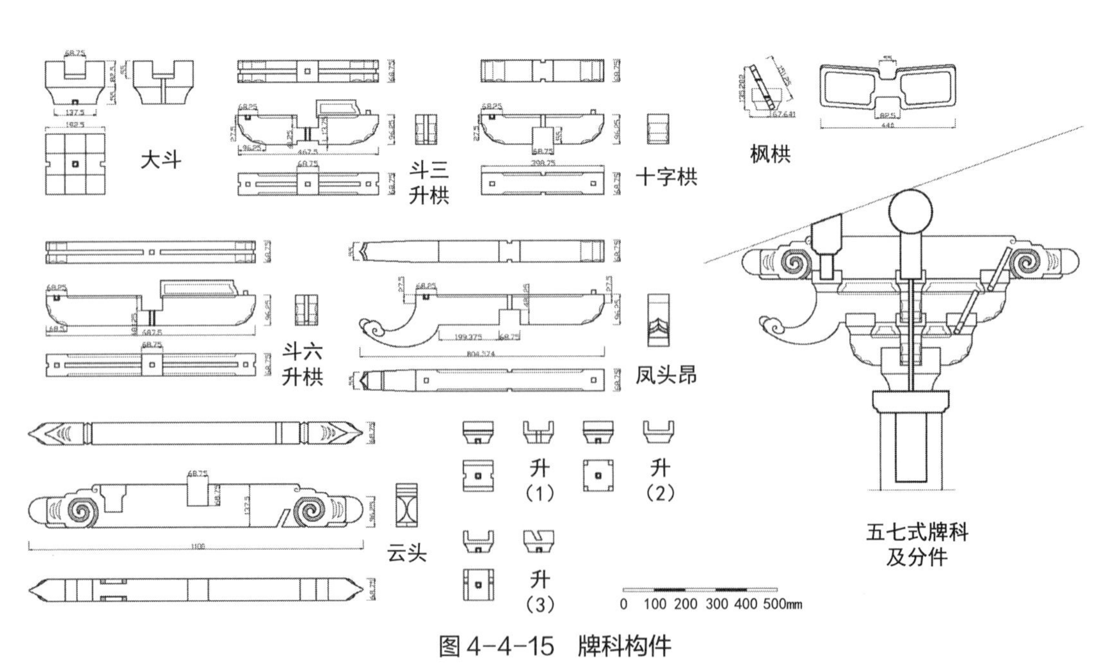


图4-4-15　牌科构件

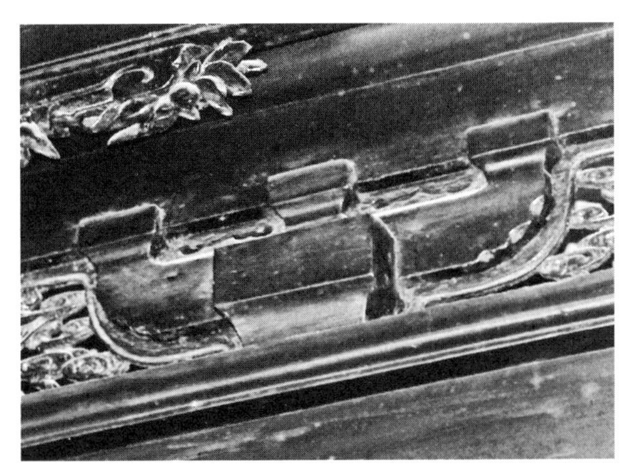

图 4-4-16　一斗三升

图 4-4-17　琵琶科

图 4-4-18　网形科

### （七）其他构件

传统园林建筑除了承重构件外，还有一些功能性构件。例如：起翘的屋角在江南地区称为戗角，主要有水戗发戗和嫩戗发戗两种（图 4-4-19），其中嫩戗发戗结构更为复杂，屋角起翘更大，形态更轻灵。此外，还有钉于桁上椽豁内的短木条闸椽、用通长板条做成的形似锯齿状的稳椽板、铺于椽上的望板、钉在出檐椽的椽头上以加强出檐椽与飞椽的联系并封护飞椽椽豁空档的里口木、钉在飞椽或出檐椽前端防止望砖下滑的

图 4-4-19　嫩戗发戗与水戗发戗

通长木条眠檐、钉在上下两椽交接处的通长木条勒望、钉在椽端眠檐上以防止瓦片下滑的瓦口板以及防止铺灰时灰砂下泻的栏灰条等。

## 四、构架类型

江南传统园林建筑的大木构架类型主要有梁架、草架、覆水椽、轩。

草架与覆水椽主要在江南一带使用，其他地区较少见到。草架得名是因其处于内外屋面之间，故而梁、柱、桁、椽等构件都无需精制。草架与覆水椽是通过变换梁架构造而形成的，其作用则与天花相近。使用草架、覆水椽的厅堂，内四界前都有翻轩，内四界与轩上部的内屋面各自独立，使得建筑内部感觉是被分成了两个不同的空间。

在厅堂类建筑中，内四界前的轩架构在轩柱与步柱的顶端，其形式多样，常见的有船篷轩、鹤胫轩、菱角轩、海棠轩、一枝香、弓形轩、茶壶档等（图 4-4-20）。轩主要有抬头轩和磕头轩两种类型（图 4-4-21）。抬头轩是指轩梁与大梁底部相平的形式，而磕头轩则是轩梁低于大梁的形式。抬头轩内四界前部的屋面是双层的，用草架支撑外屋面并联系内外屋面。使用磕头轩时，内四界的前屋面就是外屋面，需用遮轩板封护轩内侧与步桁连机下的间隙，其内是轩上的草架。另外还有半磕头轩，虽轩梁低于大梁，但仍用重椽、草架。此外，有些建筑在内四界前筑有重轩，前面进深浅的称为廊轩，后面进深较大的称为内轩，使得建筑空间更加丰富多变。

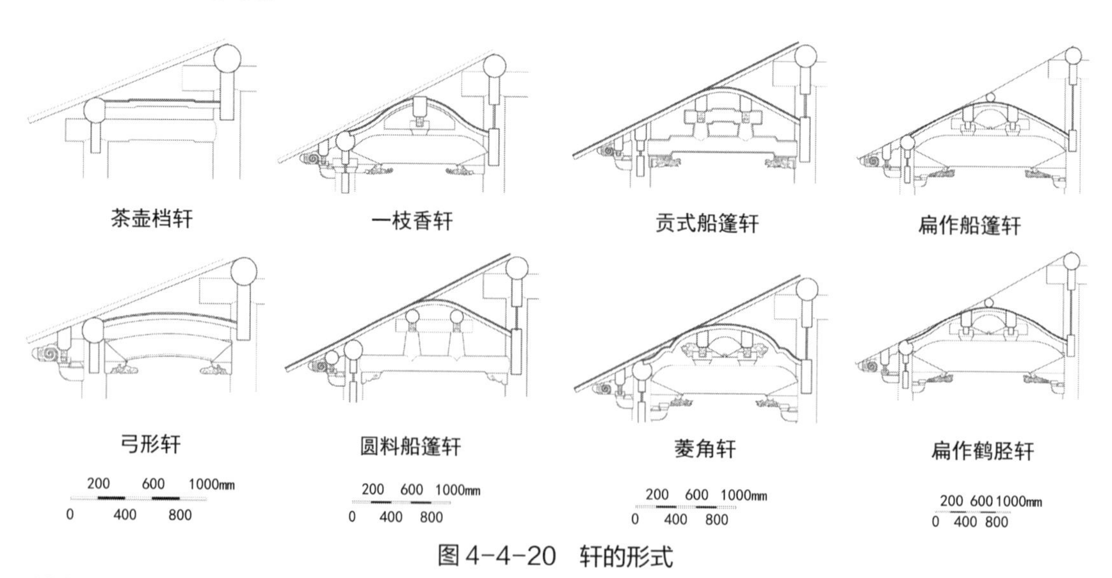


图 4-4-20 轩的形式

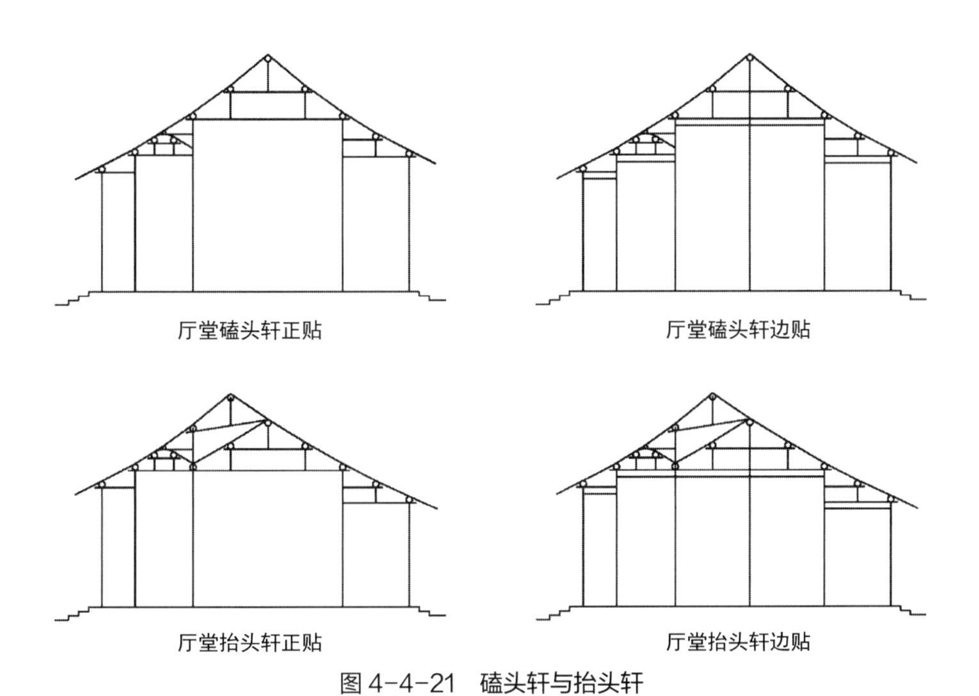


图 4-4-21　磕头轩与抬头轩

# 第五节　厅堂

## 一、概述

厅堂是传统园林中的主体建筑，也是传统园林建筑里最为重要的一类，通常体量较大、空间宽敞、装饰精美，不管是在宅里还是园里，都占据着主体的地位，是主人接待宾客、处理事务、宴请、聚会的主要活动场所（图 4-5-1）。

图 4-5-1　厅堂

厅与堂在构造上仅有微小的差别，江南地区将梁架使用矩形断面木料的称为厅，将使用圆形断面木料的叫作堂，也就是人们常说的扁厅圆堂（图 4-5-2），由于园林建筑名称不甚严格，习惯合称为厅堂。一般而言，扁作厅较圆堂在建筑形制上要求更严格，装饰、陈设等也更加精美。根据姚承祖所著的《营造法原》所述，按贴式构造之不同，可将厅堂细分为八种类型：扁作厅、圆堂、贡式厅、船厅回顶、卷篷、鸳鸯厅、花篮厅和满轩。也可以根据功能和用途，将厅堂细分为大厅、门厅、轿厅、花厅、女厅等。

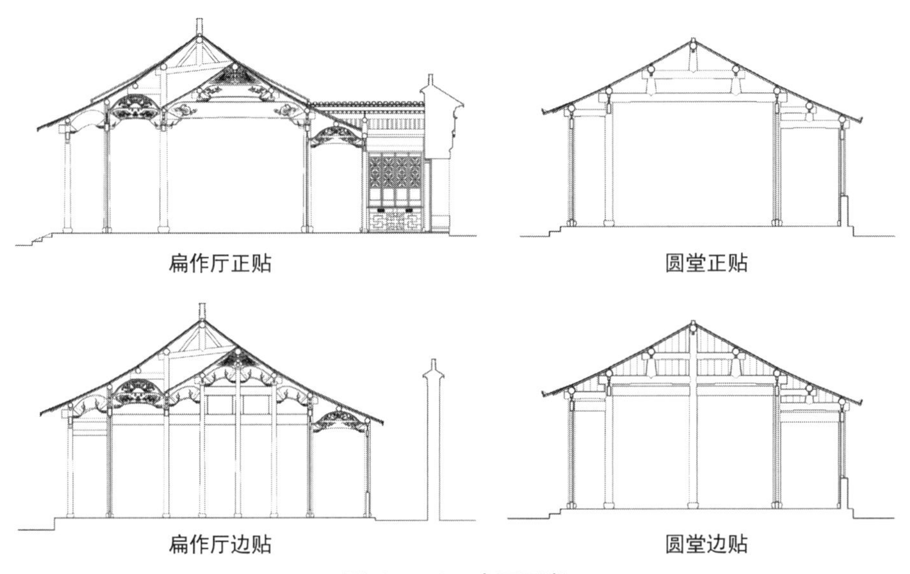


图 4-5-2 扁厅圆堂

## 二、构造

厅堂由于规模大、地位高，因而其构造在传统园林建筑里属于相对复杂的。《营造法原》在“厅堂总论”里描述：“厅堂较高而深，前必有轩，其规模装修，固较平房为复杂华丽也。”（图 4-5-3）江南传统园林里的厅堂多为三开间或五开间，进深则一般不少于七界，也有规模更大的厅堂，采用六界大梁或七界大梁，或在翻轩前加前廊，以扩大建筑空间。

图 4-5-3 厅堂前轩

传统园林中的厅堂建筑在构造上一般分为三个部分，从下往上依次为最下部的阶台、中间的木构梁架及围护墙体、最上部的屋顶（图 4-5-4）。

图 4-5-4　厅堂整体构造

阶台属于石作，是江南地区建筑用石料最多的部分，包括地上和地下两部分。地下部分即我们所说的基础，用以支撑地上部分，并将建筑载荷均衡、稳定地传导至土基。地上部分高出地面，多平直、简洁，承载着屋身与屋顶的重量，并将载荷传导至地基，同时保持建筑室内的干燥。此外，由于阶台有一定的高度，还需要设置台阶（也称踏步、副阶沿），以方便上下（图 4-5-5）。

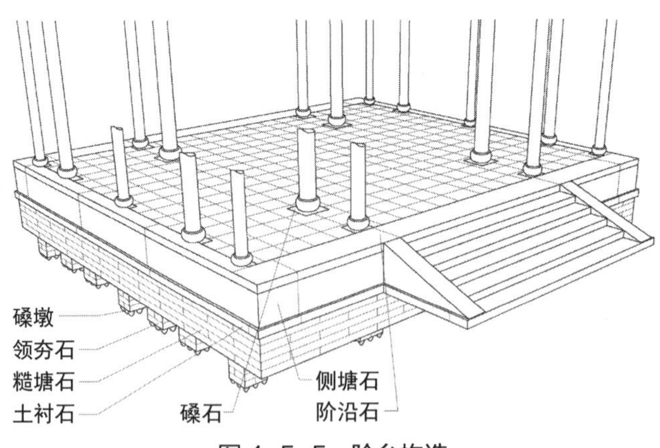


图 4-5-5　阶台构造

阶台之上就是木构梁架和围护墙体。江南一带的建筑，木构梁架是重要的承重部件，墙体多为围护结构，所以有“墙倒屋不塌”之说。厅堂的屋身结构较为复杂，内部空间较大，可根据梁架形式分隔出廊、轩、内四界、后双步等不同使用空间。厅堂梁架中，柱作为直立构件立于础之上，上承梁和桁，即我们常说的栋梁。柱、梁、桁、枋这些部件多通过榫卯结构进行联系，形成稳定又有韧性的结构体，共同承受着其上部构架和整个屋面的载荷（图 4-5-6）。

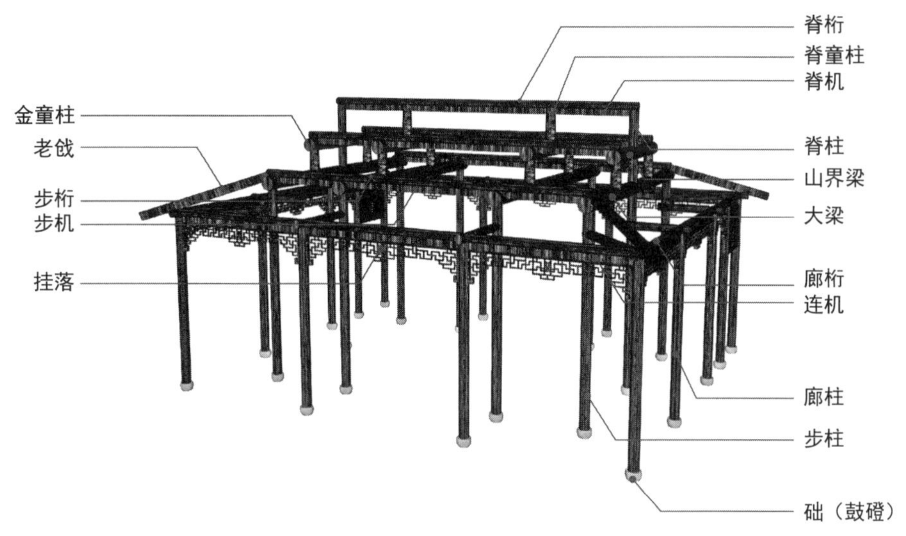


图 4-5-6 屋身木构梁架

梁架之上则是屋顶（图 4-5-7），都在桁、椽之上，主要归属于泥水作，或称砖瓦作。江南地区的厅堂屋顶形式主要采用歇山式（图 4-5-8）和硬山式（图 4-5-9）。歇山顶共有九条屋脊，造型优美，飞檐翘角，是传统园林中对外观要求较高的厅堂类建筑常用的屋顶形式，如四面厅、鸳鸯厅等。歇山顶除基本样式外，还演变出四面歇山、卷棚歇山等形式。硬山顶是双坡屋顶的形式之一，造型朴实稳重，建筑等级较低，使用更为普遍，除四面厅外，其他样式的厅堂都有硬山顶建筑形式。低调不张扬的厅堂建筑往往使用硬山屋顶形式。

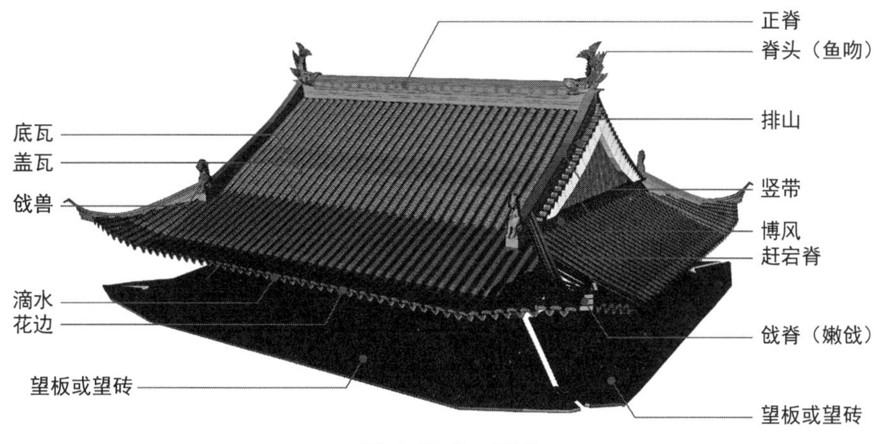


图 4-5-7 屋顶

图 4-5-8　歇山顶建筑

图 4-5-9　硬山顶建筑

# 第五章　传统园林设计解析

# 第一节　立意

## 一、立意

《园冶》中说："造园之始，意在笔先。""立"指构思，"意"为意境。在建造园林之前，先构思准备，做到胸中有园，想好景物所要表达的思想性，并在造园过程中自始至终指导景物的营造，方可达到预期的效果，充分体现造园的意图。

中国古典园林把花草、树木、山水、建筑通过象征、比拟自然放置到园林之中，力求"虽由人作，宛自天开"的审美感觉。

园林艺术追求意境，意即意象，属于主观的范畴，境即景物，属于客观的范畴，园林意境的创造，需将主客观紧密结合。造园者在营造园林空间时将自己对自然的理解、人文的思考和个人的精神寄托其中，通过具体景物特征与形式表达情感和思想，追求情与景结合，创造"得意忘象，求之象外"的意境之美，从而使观赏者在园林游玩中达到触景生情、物我交融的审美层次。

例如：苏州网师园最初由宋代藏书家、官至侍郎的扬州文人史正志所建，府宅名为万卷堂，史正志因仕途不顺归隐园林，故将花圃取名渔隐，有隐居自晦之意。清乾隆年间，退休的光禄寺少卿宋宗元购买万卷堂并重建，定园名为网师园。网师，就是渔夫，泛舟捕鱼之人，避世隐居、自食其力、独善其身，具有超然致远的精神风范。

网师园是以渔钓隐居为精神立意的文人写意山水园，以水为魂的布局设计，真切地表达了渔隐的造园立意和诗情画意，主题立意明确，情景相谐。

## 二、点题

传统园林中造园者通过匾额、楹联等形式托物言志，配合花草树木、亭台楼阁、厅堂廊榭，点明主题、深化思想。匾额、楹联等将造园者通过风景表达的思想意蕴传达给游赏者，深化了人们对园林意境的领悟，为园林增添了文化气息，是一种无声而有力的文化向导，使园林的意境更为深远。

### （一）匾额

匾额大多撷自脍炙人口的诗文、佳作，立意深邃、高雅。如留园亦不二取自《维摩诘经·入不二法门品》："如我意者，于一切法，无言无说，无示无识，离诸问答，是为入不二法门。"如狮子林悦话、怡颜砖刻，取意于陶渊明《归去来兮辞》中的"悦亲戚之情话，乐琴书以消忧"和"引壶觞以自酌，眄庭柯以怡颜"。

### （二）楹联

楹联是随着骈文和律诗而成熟的一种独立的文学形式。苏州古典园林中的楹联多出自名家之手，有即景撰联，也有摘自古人诗文名句的集联，意向万千。如网师园万卷堂对联："南宋溯风流，万卷堂前渔歌写韵；葑谿增旖旎，网师园里游侣如云。"（图 5-1-1）如沧浪亭上的石刻对联"清风明月本无价，近水远山皆有情"，为清代学者梁章钜题的集句联，上联出自欧阳修《沧浪亭》"清风明月本无价，可惜只卖四万钱"，下联出自苏舜钦《过苏州》"绿杨白鹭俱自得，近水远山皆有情"句。

图 5-1-1　网师园万卷堂对联

## 第二节 相　地

相地是指园林在建造之前，由园主自己或造园家进行相地，即是对用地进行观察和审度。相地的重要性，最早由计成在《园冶•兴造论》中提出："故凡造作，必先相地立基。""相地合宜，构园得体。"可见，相地能让园林设计和建造产生事半功倍的效果。"宜"是建立在对有利条件综合分析的基础之上的，根据地形地势，合理利用有利条件，才能创造与环境适宜协调的园林。

相地包括四个方面内容：踏勘、评价、构思、择址。

### 一、踏勘

现场踏勘，即了解园址内外环境，地形高低、水源、地被情况等。现场踏勘可细分为卜邻、察地、究源。

#### （一）卜邻

卜邻就是仔细观察周围环境，充分考虑场地的地理位置及周围环境中的构筑物等因素。卜邻强调借景，尤其是从园内借园外之景，而借景重在随机，可借自然风光，"凭虚敞阁，举杯明月自相邀"，亦可借人文胜景。总之，要善于利用周围环境，巧妙安排，将湖光山色纳入园中，傍山则"楼阁碍云霞而出没"，临水则"漏层阴而藏阁，迎先月以登台"。

拙政园借景北寺塔堪称神来之笔，被誉为园林借景的典范。北寺塔位于苏州古城城北，始建于三国时期，南宋时期改建为九级八面宝塔，高76m，雄伟俊秀。站在拙政园梧竹幽居和倚虹亭间长长的回廊上举目远望，透过浓浓树荫的空隙，1.5km外的北寺塔巍然挺立，仿佛近在咫尺，与园内的飞檐、曲桥、方亭、绿水融为一体，别有一番韵味（图5-2-1）。位于苏州城南的沧浪亭，远眺可见太湖中的三山岛，三向皆水也。朱惠元《沧浪亭闲眺》写道："只缘隔水望烟鬟，益显玲珑窈窕颜。始信天风船被引，三山妙在即离间。"沧浪亭前溪水环绕，水南生有葱郁古树，还有杂花、修竹，是以水为主题，外向取景。

#### （二）察地

考察基地是否有造景的条件，例如是否有山林可依，是否有水相通，是否有大树和植被等。察地主要是了解基地地理位置、地形地貌、水体、植被等情况。苏州虎丘的拥翠山庄是一组独立的院落，依山势而建造，人工石阶与自然山石巧妙衔接，空间起伏、错落，有疏密变化和层层跌落的感觉（图 5-2-2）。

图 5-2-1　拙政园借景北寺塔

图 5-2-2　拥翠山庄

### （三）究源

究源即探究水之源头。《园冶》称："立基先究源头，疏源之去由，察水之来历。" 无锡寄畅园西侧紧靠惠山主峰，因泉而闻名。该园水面占全园面积的三分之一。来自惠山的泉水，经过两条水渠流入园内，一条进入八音涧之源头小池，然后源源不断泻入湖中，一条自东南角方池中的龙头吐出，经暗管流至湖中。

## 二、评价

全面了解场内外环境后，要对场地进行客观评价。《园冶》"相地"一章把园址用地归纳为六类，即山林地、城市地、村庄地、郊野地、傍宅地、江湖地。《园冶》中认为：山林地、江湖地、郊野地人工构筑物较少，适合就自然地形建园林，保留自然野趣，无需过多掇山理水，"自成天然之趣，不烦人事之工"。以上三类用地中，最理想的是山林地，"园地惟山林最胜"；最讨巧的是江湖地，"略成小筑，足徵大观"；郊野地中，以"平冈曲坞”的丘陵地形而又“叠陇乔林”的处所为佳。

计成认为，园林的地形虽然有很多种，但是选址的首要宗旨是地偏为胜，凡结林园，无分村郭，地偏为胜。地偏为胜的择址准则，体现了当时园林营造对自然野趣的追求。据苏舜钦《沧浪亭记》所述，“东顾草树郁然，崇阜广水，不类乎城中。并水得微径于杂花修竹之间。东趋数百步，有弃地，纵广合五六十寻，三向皆水也。杠之南，其地益阔，旁无民居，左右皆林木相亏蔽”，可知沧浪亭乃偏远弃地。

### 三、构思

在勘察过程中同时展开初步构思，设想基地现况和造景、构图之间的关系的设想，规划、布局设计内容，考虑流线的组织，以充分利用基地的有利条件并规避缺点。

### 四、择址

综合考虑各方面因素，最后确定园址。

# 第三节 布　局

## 一、整体布局

江南古典园林是时空融合的艺术，是在时间的延续、空间景象的变化中产生的，是流动的空间。江南古典园林的布局有主次、有对比、有比例、有开合、有屏蔽、有藏露，处处邻虚，方方侧景，循环往复，变化莫测，意趣无穷，视觉无尽，空间无限，园林景境使人有深邃、无限自然的审美感受，具有诗情画意般的意境。

江南传统园林从整体平面布局来看分为两大类型，其一为主景突出式布局，如苏州退思园，整体以荷花池为中心，建筑绕水而建，池北的退思草堂为园内主厅，三面围廊，古朴素雅，堂前平台探出水面，是全园观景佳处，堂西池水向后凹，有长廊贴水向南，连通园林南北，长廊西北角为揽胜阁，阁南有水香榭和旱船。其二为集锦式布局，如扬州瘦西湖，以园中园和散列式为主要布局形式，乾隆年间最盛时有二十四景之说，每一景为一处小园，包括卷石洞天、西园曲水、虹桥揽胜、冶春诗社、长堤春柳、荷蒲熏风、碧玉交流、四桥烟雨、春台明月、白塔晴云、三过留踪、蜀冈晚照、万松叠翠、花屿双泉、双峰云栈、山亭野眺、临水红霞、绿稻香来、竹楼小市、平岗艳雪、绿杨城郭、香海慈云、梅岭春深和水云胜概。实际上，在中大型园林中，两大类型并存的情况较多。

在传统园林建造中，“起—承—转—合”是重要的整体布局和空间序列营造手法。

网师园是中国江南中型古典园林的代表，占地面积约 $0.4hm^2$，以布局精巧和结构紧凑在江南园林中独树一帜，是江南私家园林中“宅园一体”的典范。网师园景中有景，园外有园，畅游怡神，意境深远（图 5-3-1）。

网师园布局之“起—承—转—合”（图 5-3-2）。

起，即空间序列营造之始。网师园宅邸共四进院落，第一进为轿厅，西首砖刻“网师小筑”四字（图 5-3-3）；第二进是大客厅，均为外宅；第三进为撷秀楼；第四进为五峰书屋。

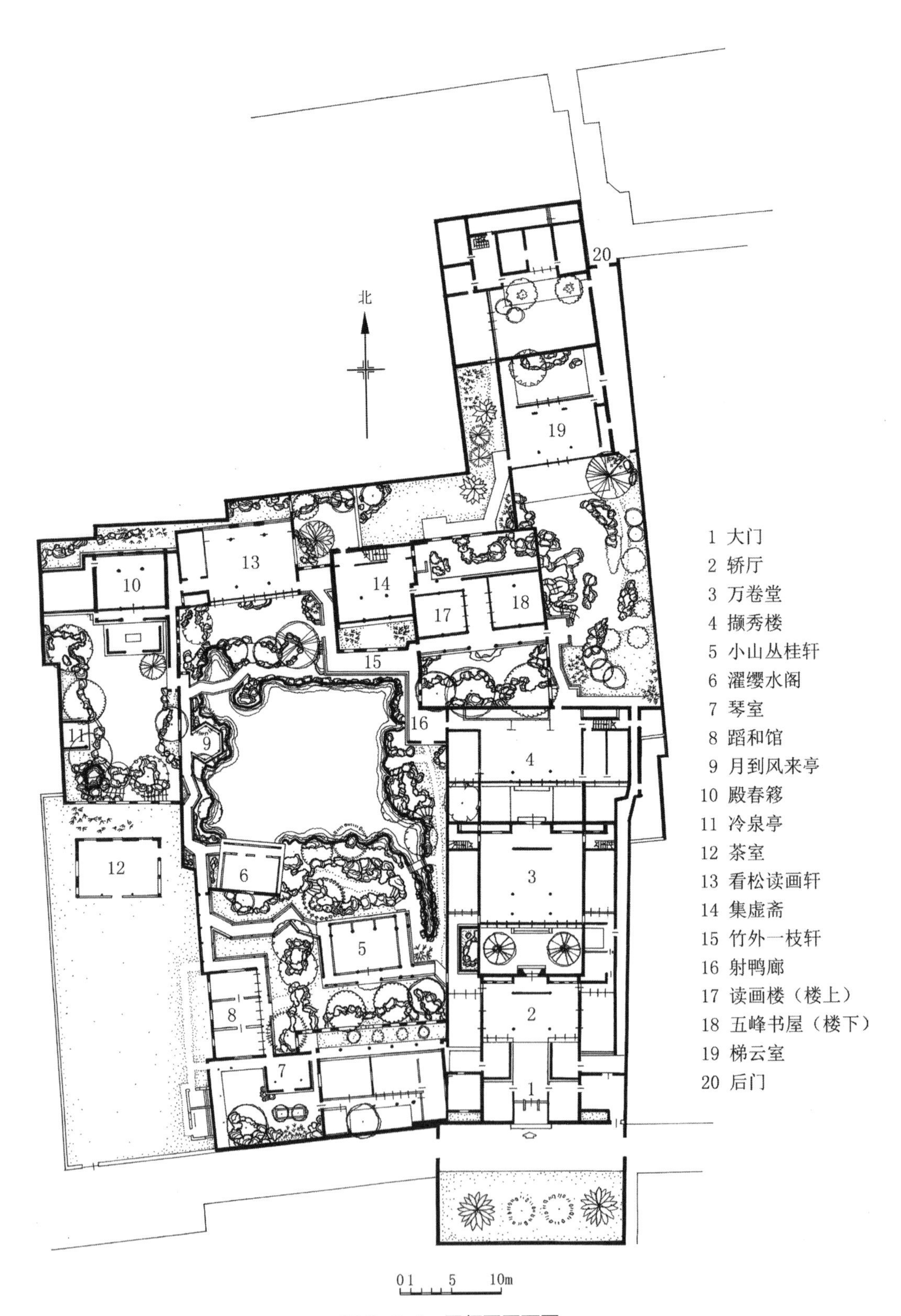
北
1 大门
2 轿厅
3 万卷堂
4 撷秀楼
5 小山丛桂轩
6 濯缨水阁
7 琴室
8 蹈和馆
9 月到风来亭
10 殿春簃
11 冷泉亭
12 茶室
13 看松读画轩
14 集虚斋
15 竹外一枝轩
16 射鸭廊
17 读画楼（楼上）
18 五峰书屋（楼下）
19 梯云室
20 后门
0 1 5 10m

图 5-3-1　网师园平面图

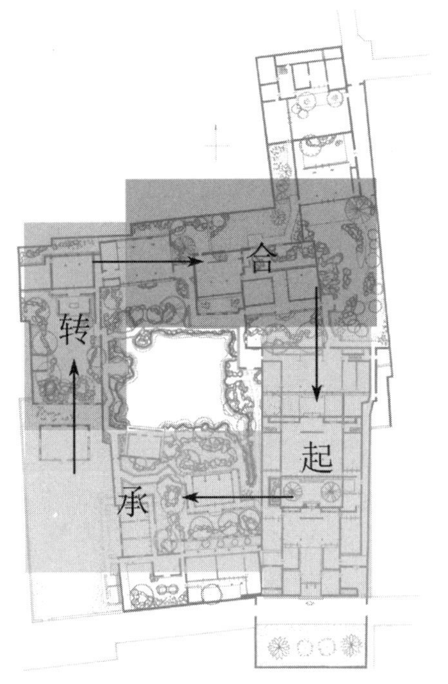


图 5-3-2 网师园“起—承—转—合”示意图

图 5-3-3 网师小筑

承，是指打造层层递进的空间韵味。入园后，循一段游廊直通南半部主要厅堂小山丛桂轩，轩之北是临水堆叠的厚重大气的黄石假山云岗（图 3-2-5），有蹬道、洞穴，具雄险气势；轩之西为园主人宴居的蹈和馆和琴室；轩的西北为临水的濯缨水阁，取屈原《渔父》“沧浪之水清兮，可以濯吾缨”之意；阁廊相连，树木、山石疏密相间（图 5-3-4）。

转，即在空间序列中产生多样变化。水阁之西折而向北，曲折的随墙游廊顺着水池西岸山石堆叠之高下而起伏；中间的八方亭月到风来亭（图 3-3-19），是池西风景画面的构图中心，在这里可以凭栏隔水观赏环池三面之景；往西经洞门则通向另一个庭院殿春簃，庭院精巧古雅，沿墙设半亭，朴素典雅，湖石堆砌，起伏自然，池中暗藏源头，活水潺潺不息；水池北岸为看松读画轩，轩的位置稍往后，留出轩前的空间，类似三合小庭院，栽种枝干遒劲的罗汉松、白皮松、圆柏，呈现一幅以古树为主景的古朴、天然的图画（图 5-3-5）。

合，即回归与结尾。看松读画轩之西为临水的廊屋竹外一枝轩。竹外一枝轩的后面是建筑集虚斋，东南面为小水榭射鸭廊（图 5-3-6）；射鸭廊之南为黄石堆叠的玲珑剔透的小型假山，以白粉墙垣为背景；假山沿岸边堆叠，在水池与白粉墙垣之间形成一道屏障，从视觉上拉开两者的距离，从而加大了景深。

图 5-3-4　网师园水池南立面景观

图 5-3-5　看松读画轩

图 5-3-6　网师园水池东立面景观

## 二、景区划分

江南古典园林通过划分景区来组织园景，做到园中有园、景中有景，景区划分师法自然，注重创造意境。

### （一）景区划分手法

1. 围绕主要水体布置景区

江南古典园林主要的景区划分手法是围绕水体布置不同景区，宅、园分离，水体周围景观丰富多变、起伏跌宕，同时向后拓展延伸，形成不同规模的庭院和观赏景点，利用水的明朗、开阔隐藏院落，并且与其他景观的幽深形成鲜明对比，开合有序，意境无穷。

网师园是围绕主要水体布置景区的典型案例，其总体布局为东宅西园的格局，整个园林以中部的水池为中心，其他要素围绕中部水域展开。

从功能上来看，网师园大致可分为五个区域（图 5-3-7），分别是东南礼仪区、西南宴居待客区、西北园中园及书房区、东北居住区和中部水景区。

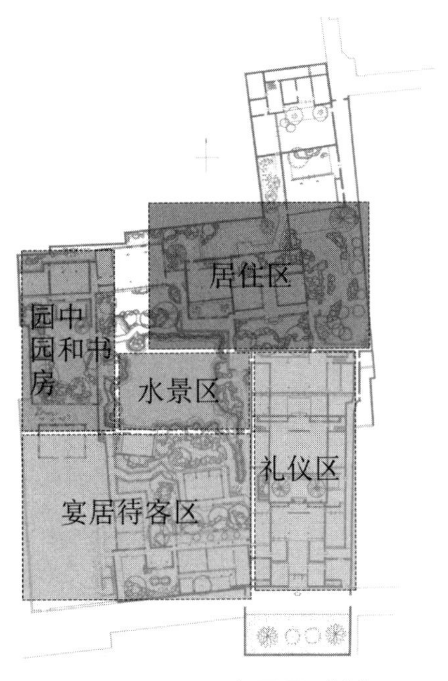


图 5-3-7 网师园景区划分

在中国传统文化中，东南代表尊贵的位置，因此作为礼仪区，大厅、轿厅、万卷堂，层层院落用来会客和处理家庭事务。西南是宴居待客区，包括濯缨水阁、小山丛桂轩、蹈和馆、琴室等。小山丛桂轩是园林南半部的主要厅堂，轩名取自庾信《枯树赋》中的诗句“小山则丛桂留人”，以喻迎接、款留宾客之意。西北部是园中园和书房，包括殿春簃、看松读画轩等。东北是居住区，包括五峰书屋、撷秀楼的二层及梯云室等。

中部是主要景区——水景区，近似方形的水域旷奥有度，建筑物和游览路线沿着水池四周安排，高低、大小、远近、明暗，错落起伏，疏密有致（图 5-3-8～图 5-3-11）。池岸曲折，黄石驳岸，其上间植灌木和攀缘植物。水池对角的两座石桥形式各异，横跨渠涧，把一泓死水幻化为“源流脉脉，疏水若为无尽”之意，耐人寻味，正所谓“隐其源头”（图 5-3-12）。

2. 主辅对比手法

主景区是全园的主体空间，围绕它安排若干辅助空间，山水空间、庭院空间、山石与建筑围合空间、天井空间，甚至院角、墙边亦做成极小空间，散置花木峰石，构成众星拱月、耐人寻味的景致。

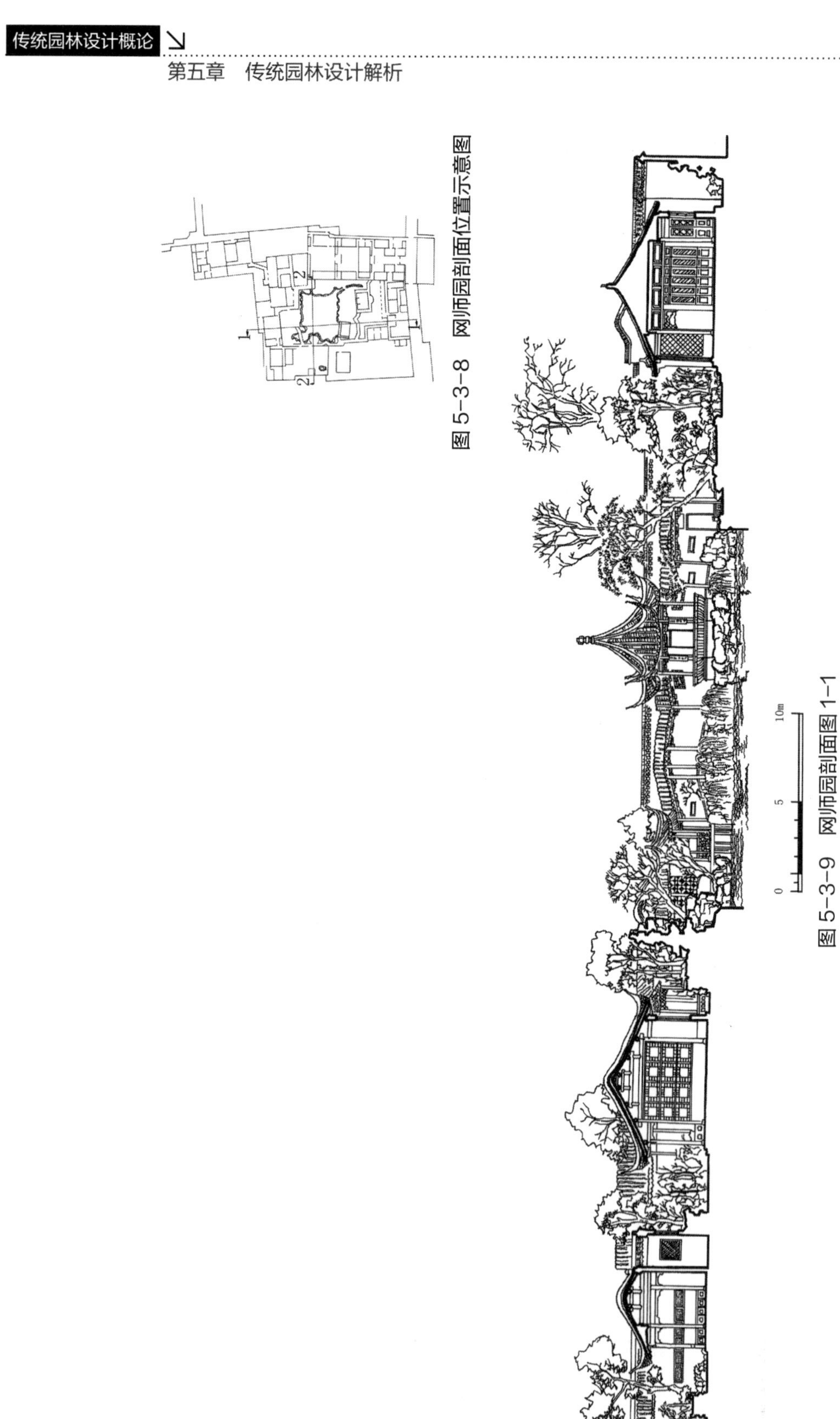


图 5-3-8　网师园剖面位置示意图

图 5-3-9　网师园剖面图 1-1

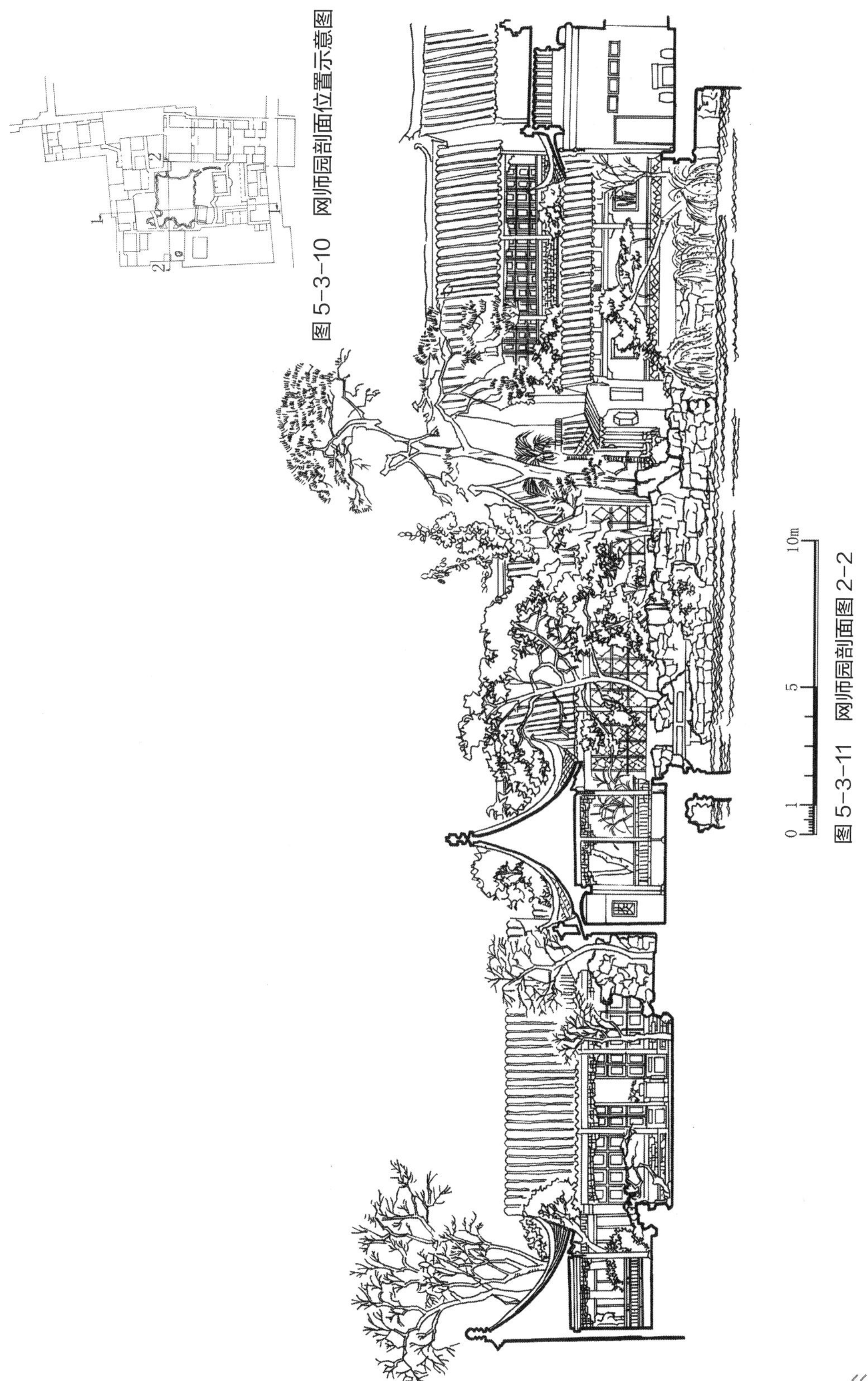


图 5-3-10 网师园剖面位置示意图

图 5-3-11 网师园剖面图 2-2

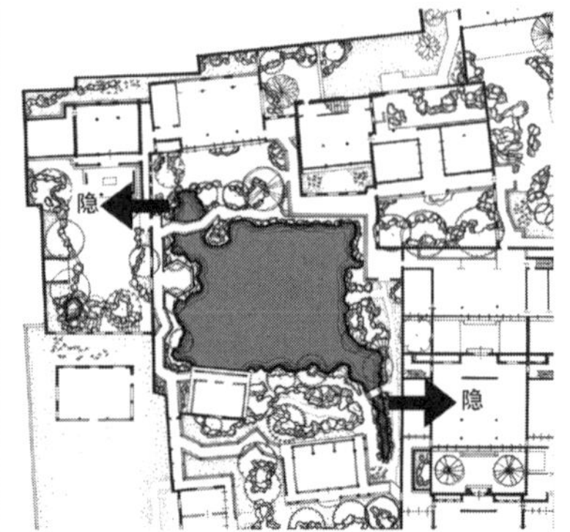

图 5-3-12　隐其源头

3. 园中园

江南传统园林常常采用园中套园的形式，使得面积较小的空间产生庭院深深的效果。各种院落大小、形式、景致不同，游人置身不同场景，会产生变化无穷的感觉。

网师园殿春簃是园中园的范例。殿春簃位于网师园西北角，小院布局合理，北部为一大一小宾主相从的书房（图 5-3-13），南部为一个大院落，散布着建筑、山石、植物、清泉，南北空间形成大小、明暗、开合、虚实的对比，十分精致。殿春簃主体建筑坐北朝南，正厅为书斋，位于长方形庭院的北面，院南侧有清泉涵碧及半亭冷泉（图 5-3-14）。院内当年辟作药栏、遍植芍药，暮春时节，唯有这里“尚留芍药殿春风”，因此得名殿春簃。

图 5-3-13 殿春簃书房

图 5-3-14 冷泉亭

4. 分隔法

为了在园内创造多重景致，往往用墙体、院落、植物、山石分隔不同空间，创造多元景观。

例如：网师园在住宅与庭院之间插入封闭的过渡性空间，通过高大厚重的山墙将园外背景化繁为简，但是在墙体上开高窗，透过高窗可略窥庭院一角（图 5-3-15），再以精巧的亭台楼阁形成中景和近景，图底清晰，层次分明。黄石假山云岗则成为主景区与小山丛桂轩之间的一道隔断，隐藏了小山丛桂轩内的部分景观。

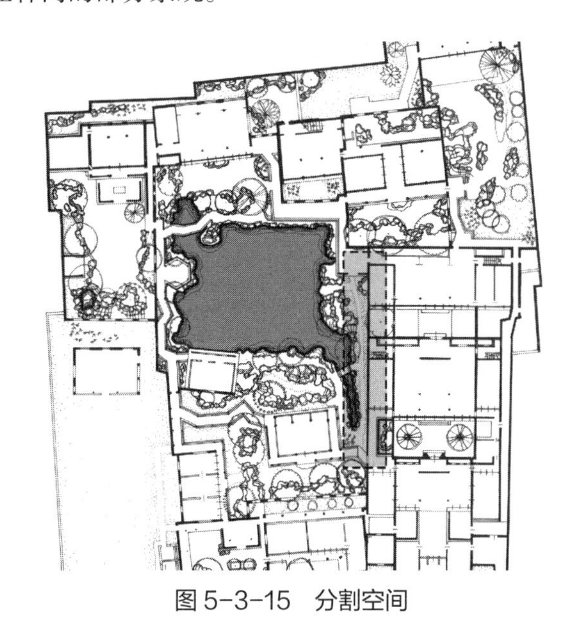

图 5-3-15 分割空间

## （二）景区划分原则

1. 主与宾

主宾关系是传统园林造园的主要设计原则，不论是整体布局还是局部空间分割，都适用这一原则。这种造园要遵循的主宾关系，实际上源于山水画理论。北宋李成在《山水诀》中谈道:“凡画山水,先立宾主之位,次定远近之形,然后穿凿景物,摆布高低。”在园林营造中,山水意趣的表现并不仅是“如画”的观感,而是身临其境的“入画”体验。《园冶》立基篇中提到:“凡园圃立基,定厅堂为主。先乎取景,妙在朝南。”说的是造园时首先要考虑园中最大的建筑物,如厅堂所在位置,而其他次要建筑,则可以“择成馆舍,余构亭台”。这种以厅堂对景为主景,亭台为辅景的方式,是江南私家园林的范式。

不同面积的江南传统园林中,主宾关系的呈现不尽相同。在小型园林中,主宾关系往往较为分明。如苏州环秀山庄面积仅 3 亩,以山为主,池水辅之,并环绕厅、堂、舫、廊、亭、台、楼、阁。主要建筑环秀山庄为四面厅形式,面山对水,假山为清代掇山名家戈裕良所造,结构严密,处理精细(图 5-3-16)。而苏州的另一座小型园林艺圃,以水池为中心,延光阁作为全园主体建筑位于池北正中,两侧是厢房,西为思敬居,东为旸谷书堂,也是主宾分明的典型代表(图 5-3-17)。

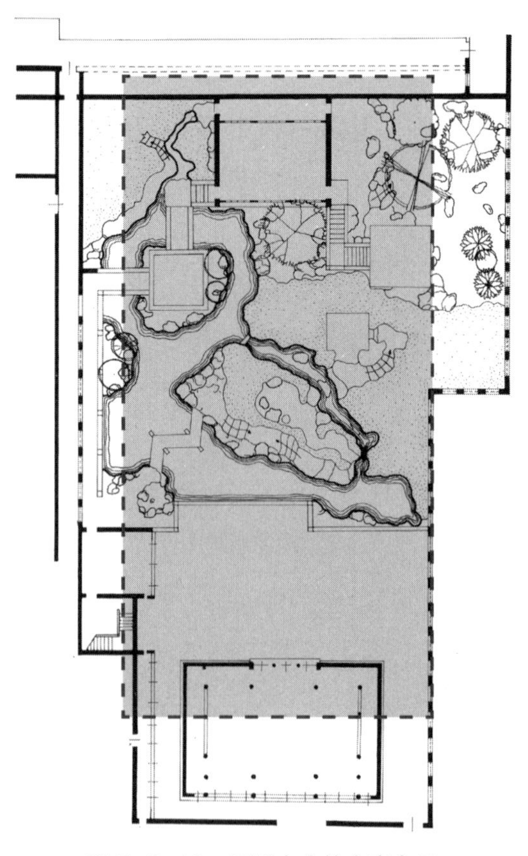

图 5-3-16 环秀山庄的主宾布局

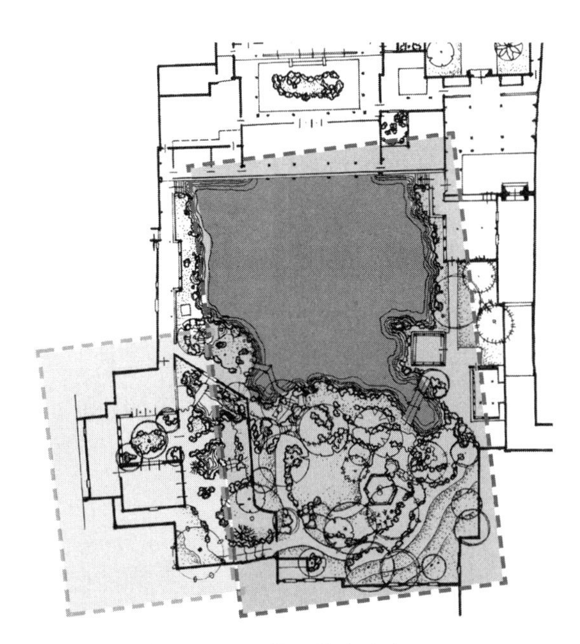

图 5-3-17 艺圃的主宾布局

中型园林由若干景区组成，通常只有一个主景区，其他为次要景区。如苏州怡园主要景区位于藕香榭北，以水池为中心，金粟亭、小沧浪、螺髻亭等临水而建，山石林立，花木葱茏。将厅堂作为全园的中心，一方面可以通过高大的厅堂统御园内其他各类建筑，另一方面也便于汇聚人流，形成全园的活动中心（图 5-3-18）。

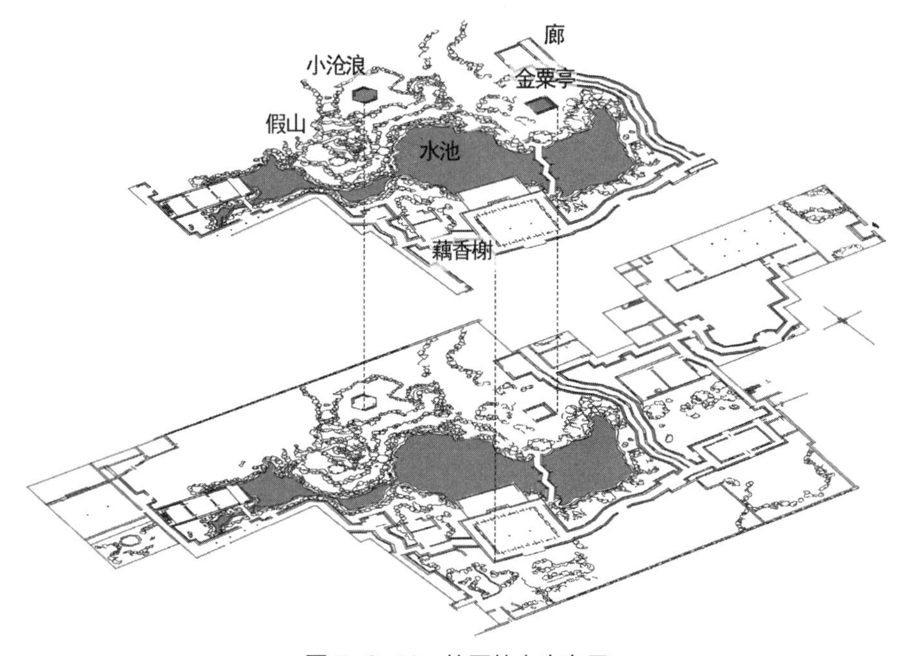


图 5-3-18 怡园的主宾布局

大型私家园林的空间组成极为复杂，一个景区即是一处小园，因而需要通过强化主景区来形成主宾关系。如拙政园分为东、中、西三部分，中部为主景区，其中四面荷风亭周边是重点。这部分基本保留了明代格局，以山水野趣为特色，利用东、西土阜岛山分割水面，山上广植树木，曲径通幽。西山有雪香云蔚亭，东山有待霜亭，其中雪香云蔚亭与隔水相望的远香堂为对景（图 5-3-19）。留园中部景区小蓬莱四周的山林、水池同样是相得益彰、富有变化，环绕水池有涵碧山房、明瑟楼、闻木樨香轩、可亭、远翠阁、西楼等重要园林建筑，是园中精华荟萃的中心。

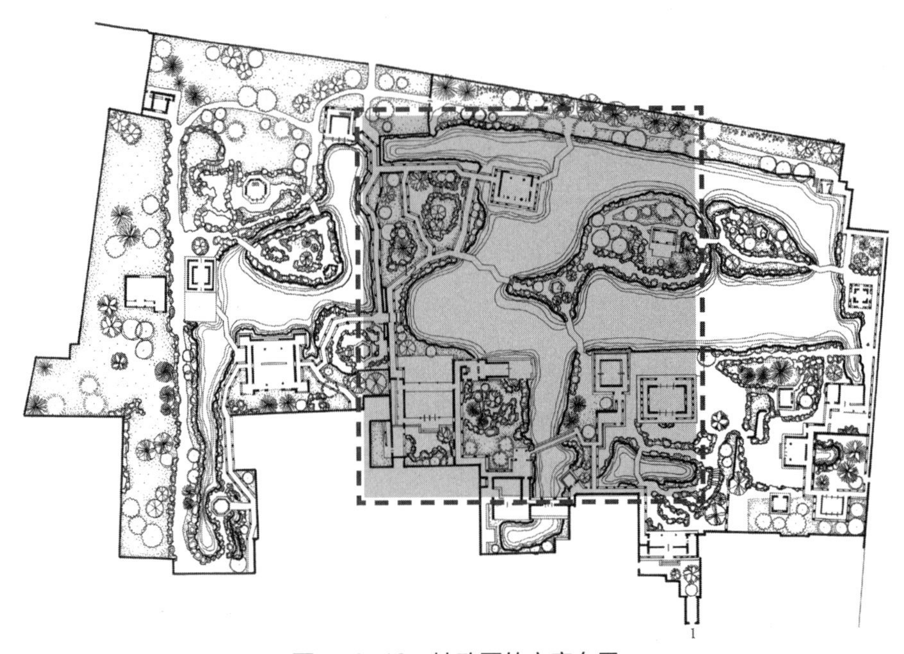

图 5-3-19　拙政园的主宾布局

特大型园林一般采用集锦式，结合山形水势分割景区，如扬州瘦西湖大明寺至春台、莲花桥、小金山，再至大虹桥一线，各景区依蜀冈山势沿水逶迤的布局方式。需要注意的是，特大型园林通常需要借助高地设置建筑以控制全园，如颐和园以佛香阁为中心的建筑群，虎丘以灵岩寺塔为中心的环山景区设置。

主宾关系并非仅用于园林整体布局，在局部布局中也同样适用，如在掇山时也需要考虑主宾之相。《园冶》掇山篇中写道："中竖而为主石，两条傍插而呼劈峰，独立端严，次相辅弼，势如排列，状若趋承。"

2. 图与底

园林布局中图底互衬是重要的设计原则，常见手法有以小衬大、以疏衬密、以虚衬实、以藏衬露、以暗衬明、以墨衬色等（图 5-3-20）。利用图底互衬突出主题，可获得主次分明、小中见大的景观效果。

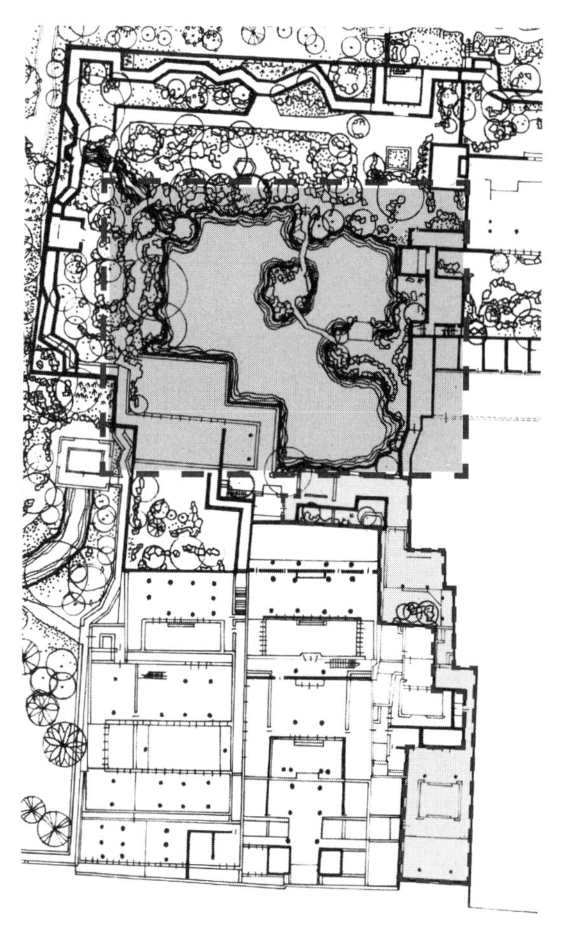

图 5-3-20 留园的空间大小对比

空间的大小对比是图底互衬的常用手法，如留园由入口至绿荫轩处曲折多变的狭长通道，入口开设于沿街侧门，行走于长近 50m 的通道中，视线由幽深到豁然开阔，是典型的以小衬大、欲扬先抑手法。

中国传统绘画中“疏可走马，密不透风”的疏密对比构图原则同样适用于传统园林布局，如苏州留园东部建筑高度集中，空间交织穿插，而西部建筑稀疏，显得空旷安静，游客可在此休息放松。这种疏密对比、张弛有度的空间营造极有章法（图 5-3-21）。

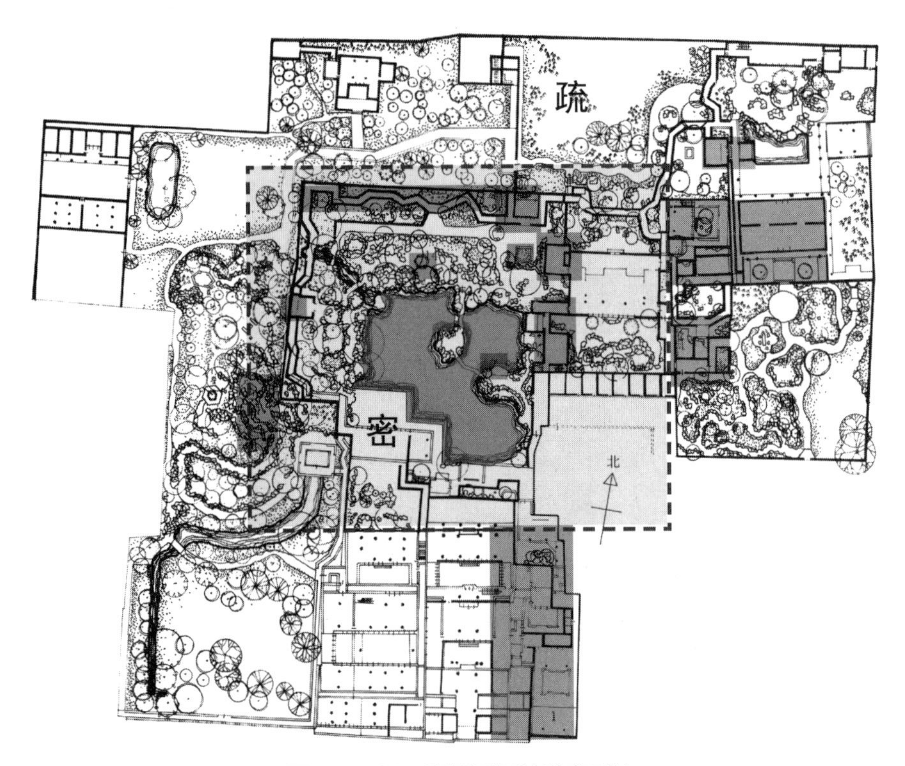


图 5-3-21　留园平面的疏密对比

虚实对比是传统园林布局的重要原则，虚与实可比照传统山水画中的留白，虚为空，实为形。在传统园林的空间布局中，峰石和建筑为实，大面积的开阔水面为虚。尤其是启园、蠡园这类江湖园林，园中池水与太湖相通，烟波浩渺的湖水被纳入园景，水雾弥漫，园中建筑、石桥隐隐约约，最为写意。城市园中，虽建筑密度较高而水体较小，但通过虚实对比同样能营造出山水意趣。如苏州网师园彩霞池占地仅半亩，呈方形，环池布置山石、花木、建筑，而中间以一泓清水，上承天光雨露，下映四季云彩，构成错落有致、虚实相间的景致。池东有空亭、射鸭廊环架于水上；池南黄石假山云岗屹立水际；云岗西为濯缨水阁，与池北的看松读画轩互成对景；池西的月到风来亭倚廊面水，与池东射鸭廊相映。池北松柏拥翠，绿荫满地，看松读画轩隐于其后；再往东，空透玲珑的竹外一枝轩傍水，宛如船舫；池东南、西北两角水湾分别架有袖珍石拱桥和石板曲桥这种四周环绕建筑（图 5-3-22）。此外，传统园林在立面关系的处理上同样讲究虚实对比，如江南传统园林中粉墙与黛瓦之对比。又如沧浪亭面水轩至观鱼处，逶迤起伏的复廊、景色葱郁的假山与清流一枕的虚实互衬。

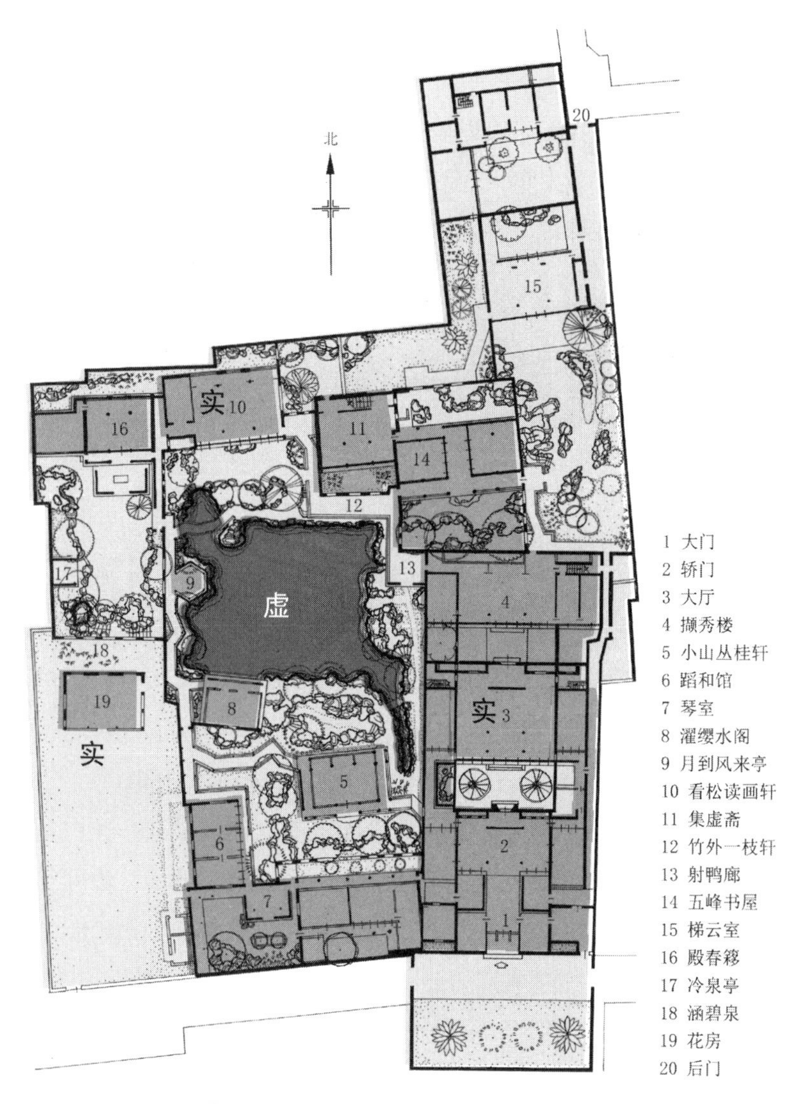


图 5-3-22 网师园平面的虚实对比

藏与露的对比是图底互衬的常用手法，露则浅，藏则深。开门见山常用于比喻直截了当、不拐弯抹角，但在园林之中，开门见山的空间营造则是引而不发、藏而不露的含蓄。在传统园林中，经常可见亭阁一角在修竹茂林之间若隐若现。狮子林指柏轩处假山对卧云室的遮挡，掩映于森郁古木中的沧浪亭，皆体现了藏与露的互衬（图 5-3-23）。

繁与简也是传统园林布局较为常用的对比方式，以水之平坦开阔对比山之重叠错落，以粉墙之素雅对比厅堂之富丽，以池水半塘对比屋宇连绵，都是常见的布局手法。如网师园，不同建筑立面的处理也常用繁与简互衬之法，以凸显各自的特色（图 5-3-24）。

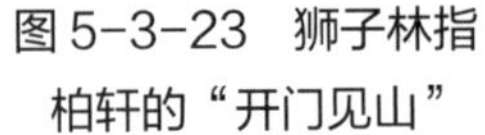

图5-3-23 狮子林指柏轩的“开门见山”

图5-3-24 网师园的立面层次

明与暗常用于处理传统园林内外的关系，内为暗，外为明。透过花窗、门洞、假山洞口观景，自暗处看明处，景物更显瑰丽，由明处观暗处，则显得景物更深邃。如惠荫园的小林屋洞，从三叉板桥南桥进入，有一水洞，池水终年清澈，池壁以悬挑法堆砌，如天然溶洞之钟乳石。自三叉板桥向内窥视，幽深曲折；而自内向外观看，则豁然开朗。

墨与色的对比用于处理传统园林中人工与自然的关系。黑白是中国传统水墨画的主要表现形式，在江南传统园林中，人工营造之物往往是黑白色，如常见的粉墙黛瓦，少有北方园林建筑的金碧辉煌。而由园中建筑所看到的自然之景，往往是五彩纷呈、四时各异。如身处拙政园中的雪香云蔚亭、荷风四面亭、海棠春坞、玉兰堂、浮翠阁、玲珑馆等建筑中，可观颜色各异的四季花木和风雪雨露。

尺度的控制是图底互衬的核心。控制尺度，不仅需要二维平面上的位置经营，还需要考虑三维空间的邻近、远借关系以做到层次分明。如怡园位于假山之巅的螺髻亭，此亭作为全园制高点，于亭中可一览全园山池美景。此亭面积仅2.5m$^2$，这就是典型的尺度控制手法，以亭之小衬山之高，又以乱峰衬小亭之趣（图5-3-25）。

图5-3-25 怡园螺髻亭

3. 深与渗

深为深远，渗为渗透。北宋《林泉高致》中提出了高远、平远、深远的三远之说，称“自山前而窥山后，谓之深远”。山水绘画，视平线多位于画作的上端，因而其深远多是俯视之深，观之景物随视线而逐层展开。这种深远法最能表达深邃幽远之境界。同样，在传统园林营造中，深远的空间处理最能表现含蓄的美，但观者多采用平视，由近而远，层层递进。“庭院深深深几许”，是身处江南传统园林中常有的空间体验。这种深远主要是通过层次变化来强化的。例如苏州留园入口曲折幽长的通道，使原本局促的空间更具有了探索性，从而产生深邃之意（图 5-3-26）。江南传统园林中常见的假山，往往于方寸之间腾挪转折，行于其中也有幽深连绵的感觉。例如现存古代假山中最为复杂、占地面积最大的狮子林假山，洞穴深邃幽暗，山径高低起伏，犹如迷宫。此外，苏扬两地窄巷中的园林，同样具有深远之意。如被著名园林学者陈从周所赞誉的扬州逸圃，其建筑规整、紧凑，造园者巧妙利用曲尺形隙地，布设多重园林空间，营造似尽而未尽的意境。

图 5-3-26 留园入口的空间序列

渗透亦是传统园林营造中的重要原则，其核心是渗漏而不是通透。通则直白，渗为委婉，不通不渗则显封闭局促。如留园鹤所中各式各样的景窗和景门，使不同空间相互渗透，游人的视线能穿越重重门窗，产生悠远而连续无尽的观感（图 5-3-27）。

留园曲溪楼至西楼一段，曲折狭长，暗淡封闭，原本会使人感到单调沉闷。造园者在靠近中部景区的侧墙上开了 11 个间距、大小、形状、通透程度上都不尽相同的门窗洞口，游人穿过这条通道时，可透过富有变化的洞口向外观望，看到的景物时隔时透、忽明忽暗，连续又充满变化（图 5-3-28）。

图 5-3-27 留园鹤所

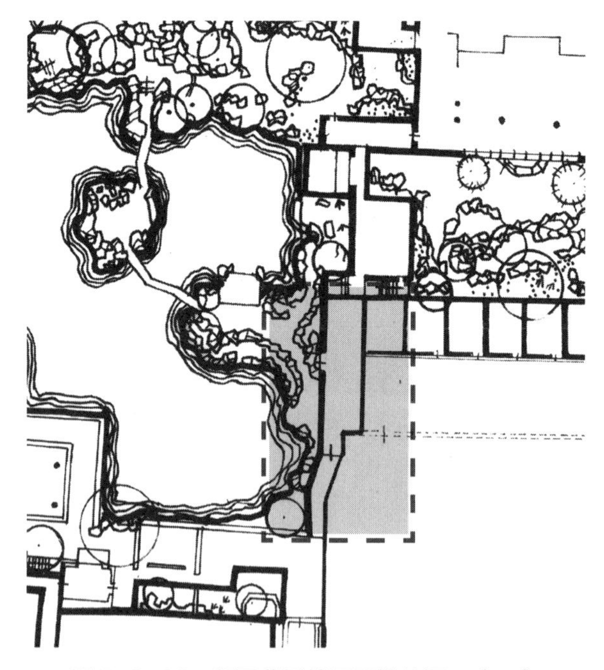

图 5-3-28 留园曲溪楼至西楼的洞口（一）

图 5-3-28 留园曲溪楼至西楼的洞口（二）

运用对景、框景、借景等手法，可以使传统园林的空间具有渗透性。对景实际就是透过特意设置的位置去观赏作为视觉焦点的景物。比较常见形式是自门内看门外，如在拙政园枇杷园内透过洞门看雪香云蔚亭。如果不是隔门观景而是门外直观，那将因层次叠加的减少而弱化深远感。而且，没有洞门框景，会使视线缺失焦点。如果运用巧妙，两个景物之间也可以互为对景，如拙政园东部宜两亭和倒影楼的关系。

传统园林中的渗透，不只限于室外，还存在于室内外之间借助通透的门墙将室外景色引入室内，是一种常见的处理方式。《园冶》中“轩楹高爽，窗户虚邻；纳千顷之汪洋，收四时之烂漫”，说的就是开窗纳景的渗透之妙。开窗或筑亭纳景的营造方式在江南传统园林中较为常见，如拙政园的远香堂与雪香云蔚亭，二者以池相隔，各自成景，又相互借景，亭中可俯视远香堂，以独特的观景角度赏最佳的夏日景色（图 5-3-29）。留园可亭位于假山高处，也常作为视线的焦点，涵碧山房与之隔水相对，可透过门窗赏亭，另外曲溪楼、濠濮亭皆可驻足观可亭（图 5-3-30）。除了建筑借景外，江南传统园林中还有山水之借景。例如位于太湖之畔的启园，尽揽湖光山色，被誉为“临三万六千顷波涛，历七十二峰之苍翠”。由启园阅波阁向外观，三曲平板桥架于小院曲池之上，可见远处的挹波桥，环环相扣，波涛相连。而自太湖驳岸的御碑亭回望，则可见莫厘峰余脉的满山苍翠。

图 5-3-29　拙政园远香堂借景雪香云蔚亭

图 5-3-30　留园建筑借景可亭

园林中的廊，往往是景观渗透和空间串联的最佳媒介，虽规模有限，但营造的层次极为丰富。如横贯池水的透空廊，既能从横向上连通两岸，在纵向上又能作为中景景框，从而形成远、中、近三个层次。如拙政园的小飞虹，层次格外丰富（图 5-3-31）。

图 5-3-31　拙政园小飞虹

4. 曲与错

曲是曲折，错是错落。前者涉及平面布局，主要用于城市宅园的内部交通关系处理；后者涉及竖向布局，往往用于处理园内复杂的地形变化。当然，这两者并非完全独立，很多时候是相辅相成的。例如留园的爬山廊就是曲折与错落并置。

贵曲是中国传统园林造园艺术的至上原则。曲线具有自由、灵动、随意和柔和的特点，因而在私家小型园林中，空间的串联常以曲线来表现。蜿蜒的小径、曲折的回廊、起伏萦回的云墙、逶迤绵延的溪流等相互萦绕，各个景区自成单元，又与其他景区襟带相连。即使在较为狭小的园林空间中，观赏路线也不作直线铺陈，而是从曲折中求得境之深、意之远。例如苏州曲园，因状如“曲”字，又凿一小池，也似“曲”字，故名曲园。曲园正如其名，以曲取胜，在有限的空间创造出无限的意趣。正如俞樾在《曲园记》中所言：“兹园虽小，成之维艰。传曰‘小人务其小者’，取足自娱，大小固弗论也。”深究而言，曲园空间之曲乃因城市园中窄巷空间的局促而不得以为之。在占地宽广的大园中，曲则主要体现于游线的布局之上。江南传统园林大多沿四周布置迂回曲折的主游线，通过掇山理水、修筑亭台楼阁及莳花栽木使人有逶迤不尽之感，达到景外有景、象外有象的效果。

江南传统园林中轴线并非左右对称，而是曲折有致、层层变幻。园林中游览路线基本的形态是常见的甬路，与建筑结合则为游廊、穿堂、过厅，遇山变窄则为盘道、蹬道，遇水则为石梁或步石，遇平地可拓宽为庭院，中间穿插抑景、透景、添景、夹景、对景、隔景、框景、漏景、借景等表现手法，形成一个结构完整、循序渐进的流动空间。

《园冶》中提出“卜筑贵从水面，立基先究源头，疏源之去由，察水之来历。”而园林之水妙在曲折，延展园内空间，景致自然错落。例如留园中部水体绵延，以桥相隔，大水面自然曲折，小水面藏匿于山石深壑之中，仿佛看不到水之尽头（图 5-3-32）。怡园以水为中心，水路迂回曲折，宛若项链串联各景点，通过水体划分景观层次，营造曲折幽深的意趣（图 5-3-33）。拙政园水体为全园关键所在，水面变化丰富，水体之间分中有合，窄处架石桥，巧妙联系整合各水面（图 5-3-34）。

《园冶》中有“不妨偏径，顿置婉转”的说法，讲的便是曲径通幽之妙。折桥亦是江南传统园林中不可缺少的因素，有三折、五折、七折、九折等形式（图 5-3-35）。这些折桥的作用不仅是方便通行，还为增加驻留点和停留时间。当然，园林中出现最多的是因山形水势而就曲的园路。例如俞樾曾在《曲园记》中写道：“南侧之小山，虽不高，且无露透瘦之妙，然山间小径颇曲，其上置石可小坐。”

图 5-3-32　留园中部水面

图 5-3-33　怡园水体

图 5-3-34　拙政园水体

图 5-3-35　苏州园林中的折桥

江南传统园林中曲折和错落的结合当属假山上的蹊径最为典型，因为山石构成的山岭沟壑蜿蜒曲折、回环错落。例如苏州狮子林指柏轩前假山群的路径，是江南传统园林最曲折复杂的园路。游人由指柏轩入假山群，沿见山楼右行，虽一直在见山楼周围盘旋，却渐行渐远，并最终远离。而绕道狮子峰经修竹阁的行进过程中，虽是由远而至，但曲径终能通达见山楼。这种“欲左先右、欲上先下、欲露先藏”的做法正如中国书法的运笔，可让人产生更为丰富的观景体验和空间想象（图 5-3-36）。

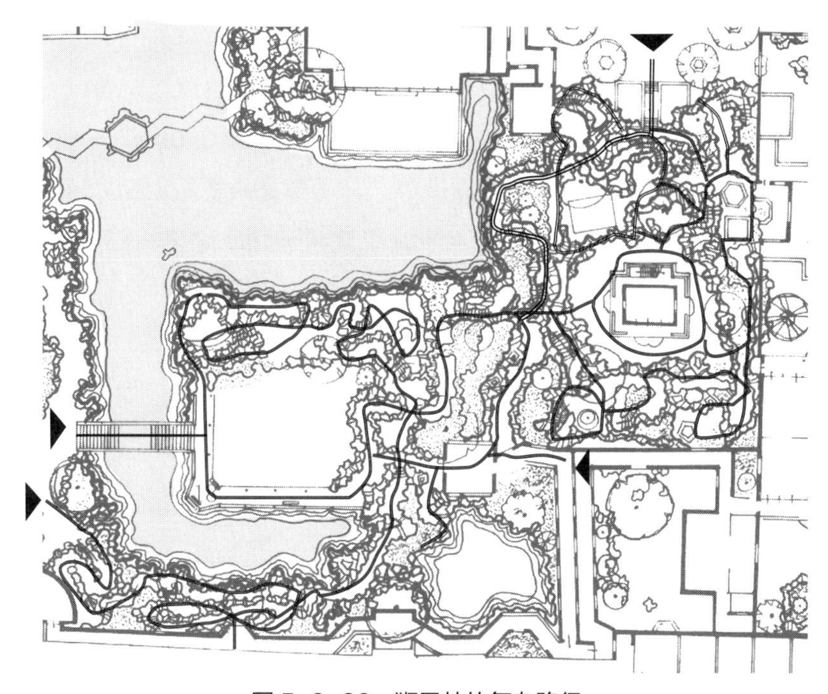

图 5-3-36 狮子林的复杂路径

单就错落而言，主要是指根据地形起伏变化进行的园林空间布局。《园冶》相地篇中把山林地放在首位，认为“园地唯山林最胜”，其原因是山林地的地形变化有利于营造天然野趣。如苏州虎丘风景区的拥翠山庄，借助天然地势，庄内建筑参差交错，以石阶相连。园林为求山野之趣，达到隐逸境界，讲究地形的高低起伏，忌地势平坦、一成不变。“高方欲就亭台，低凹可开池沼。”园不可无山水，造园讲究因地制宜，顺应自然地势堆山叠石。如艺圃以低洼处的水为中心，以山为园林高点，仅一山一水一小院便在狭小的空间营造出山河万顷之态，意境无穷（图 5-3-37）。地形是沧浪亭的骨架，曲折的地势形成了园林淡雅疏朗、别具特色的风格，体现出“构园无格，借景有因”的造园手法（图 5-3-38）。

图 5-3-37　艺圃地形

图 5-3-38　沧浪亭地形

5. 景与观

现代诗人卞之琳《断章》中的诗句“你站在桥上看风景，看风景人在楼上看你”，体现的就是景与观的互构关系。《园冶》借景部分所提到的远借、邻借、仰借、俯借、应时而借等，其实都是从观的角度来讲的，而被借之物则是能成佳景的造园要素，除了建筑和山水之外，还有云、雨、风、霜、雾、雪等气象景观，又或是春日垂柳、夏日幽篁、秋日红枫、冬日蜡梅等四季植物景象，不论其是否位于园内，皆可纳入园景。

看与被看是传统园林造景时首先需要满足的要求。为了方便看，需要有良好的立足点。为了被看，在构景时需要考虑优美的景致。这种景致，有适宜静观的框景或对景，如由苏州可园门厅四时风雅的圆形门洞隔池而望挹清堂，四面景色尽收眼底，而由挹清堂回望，则见杨柳依依、粉墙黛瓦，两边都是佳景（图 5-3-39）；也有如展卷轴的动景，在流动的路径空间中，预先设置好的景象随着游客驻足点的变化而层层展开，即造园中常说的景随步异。

图 5-3-39　苏州可园入口门洞与挹清堂的互看

立足点的营造，除了视角还要考虑观赏的范围，如苏州狮子林的真趣亭位于水池南，为三面亭，是三面有景的典型代表。在亭中环顾东、南、西三面，湖心亭、问梅阁、假山等景色尽收眼底（图 5-3-40）。拙政园的荷风四面亭地处园中心，北为见山楼和雪香云蔚亭，南为澄观楼、香洲和倚玉轩，西为别有洞天和与谁同坐轩，南为吾竹幽居，观赏范围最为宽广。苏州留园明瑟楼同样具有极佳的观赏角度，自明瑟楼下平台，可观池中的小蓬莱和濠濮亭，池东为西楼，亦可观南面的假山、可亭以及池西面的闻木樨香轩，而反过来，由这些景观处观景，明瑟楼则成为视线的焦点。这种一景与多景相互对景的方式较为少见。苏州拙政园的与谁同坐轩更是景与观互构的佳作。与谁同坐轩为扇面亭，亭名取自苏轼的“与谁同坐。明月清风我”，位于倒影楼、浮翠阁、卅六鸳鸯馆和水廊转折处别有洞天的视线焦点上，具有点景的作用。从看的方面讲，与谁同坐轩的位置选择极为巧妙，正面临水，视线开阔，最有特色的是其他三面都有门洞和窗洞框景，西南面的门洞可观卅六鸳鸯馆，东北面的门洞可观倒影楼，而中间的扇面窗口可见笠亭及园西北更远处的浮翠阁（图 5-3-41）。

图 5-3-40 真趣亭的观景范围

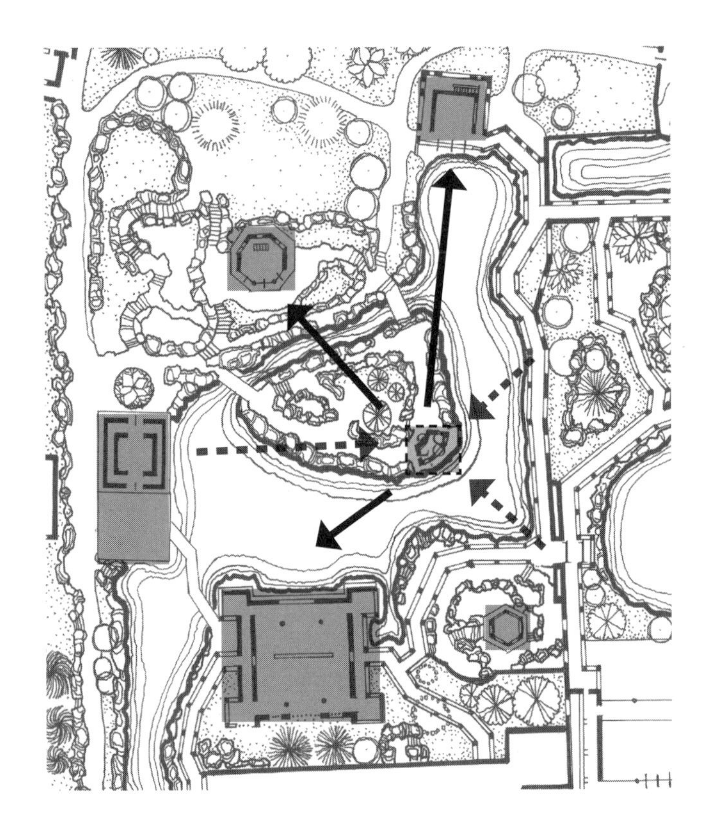

视线 A

视线 B

西南面门洞看
卅六鸳鸯馆

扇形窗口可见笠亭及
园西北更远处的浮翠阁

东北面门洞
看倒影楼

图 5-3-41　拙政园与谁同坐轩的景观互构

看与被看还需要考虑视线高低，《园冶》中提到的“仰借、俯借”及宋代山水画论著《林泉高致》中所述的“平远、深远、高远”，都是说观者通过不同的视角可欣赏错落有致的景色。“楼阁之基，依次序定在厅堂之后，何不立半山半水之间，有二层三层之说？下望上是楼，山半拟为平屋，更上一层，可穷千里目也。”《园冶》中的这段话，讲的就是建筑设置于山水之间俯仰得法的妙处。如观残粒园以假山为基的括苍亭，使游人有置身山麓之感，浑不觉处在方寸之间。而虎丘拥翠山庄问泉亭，则借助地势起伏，使建筑参差错落。

《园冶》所说：“高方欲就亭台”，是亭台立基定位的重要指导原则之一。这是因为高处的亭台为仰视创造了作为视线焦点的景，也为俯视提供了理想的驻足场所。例如怡园水池北岸湖石假山上的螺髻亭为全园制高点，在亭中可一览全园美景（图 5-3-42）。同样，艺圃的朝爽亭也是位于假山之巅，为全园最高处（图 5-3-43）。拙政园中的雪香云蔚亭建于突兀的岛山之上，既强调了岛山起伏的地形，又与周边的荷风四面亭、远香堂、见山楼、北山亭等园景形成了看与被看的视线网络（图 5-3-44）。

景深的大小和景物的远近同样是看与被看的重要关注对象。如于苏州严家花园见山楼上观山景，远观天平山，苍山如黛，中景灵岩山郁郁葱葱，近景则是楼东南处的黄石假山，峰峦崖壁、洞壑沟谷皆具。这种远、中、近景搭配的观景选点，形成了层次丰富的视觉体验。

图 5-3-42 怡园螺髻亭俯视画舫斋

图 5-3-43 艺圃朝爽亭俯视乳鱼亭

图 5-3-44　拙政园雪香云蔚亭

## 三、布局内容

### （一）山水间构

1. 布局原则

“山水”是中国传统园林艺术的一大亮点。“水因山秀，山因水活”，江南私家园林突出地体现着对山水野趣的追求。山水间构是利用已有的山形和水势改造成或仿创出自然的山水形态，因地制宜，将掇山与理水结合，正所谓“山脉之通按其水径，水道之达理其山形”。“约十亩之基，须开池者三，曲折有情，疏源正可，余七分之地，为垒土者四，高卑无论……”这是《园冶》中给出的园林用地比例，即三分水，四分山，剩下三分或种植花木，或建造房屋，或修建道路，由设计者自行安排。

在具体的园林设计中，要结合造园主题，先确立主体，明确是以山为主、以水辅山，还是以水为主、以山傍水，再以其他要素辅助，如耦园东部景区，就是山为主、池为辅（图 5-3-45）。在以山为主体的园林中，应注意避免其体量过于庞大而无法和环境融合，忌高山、高楼相连，以免空间过度拥挤。在以水为主体的园中，无论山几面邻水，都要考虑山与池的配合，要注意山形和成年后的树木体量是否与池的大小匹配得当。

图 5-3-45 耦园东部山为主、池为辅

2. 山的布局要点

江南传统园林中山景的营造更为困难，但山景更有表现力。在造山时首先要明确是作为全园构图中心的主山，还是作为分隔空间的山体，或是作为增加微地形变化和组织游览路线的假山，因地制宜，充分利用园址的自然环境条件，确定假山的体量、布局以及掇山类别和艺术风格等。园林造山的基本标准是必须与山的自然形态相近（图 5-3-46，图 5-3-47）。

图 5-3-46 沧浪亭假山

图 5-3-47 环秀山庄假山

大型组合假山，应依据“高远、平远、深远”的三远理论合理布局，同时考虑协调其他造园要素，使叠石掇山、掇山理水更好地渲染和烘托主题，达到丰富和增加园林内涵的效果（图 5-3-48）。具体到以山为主景的园林，则先确定山体总的走势和掇山类别，再结合地形骨架布置其他造园要素，体现山与环境的和谐统一（图 5-3-49）。而以山为配景的园林，山要和其他元素相协调，以衬托主景为目的，采用以石配景、以石借景（图 5-3-50）、以石对景（图 5-3-51）、以石造景、以石衬景等手法，遵循宁轻勿重、宁少勿多原则，忌布石位置不准确和比例失调，以免喧宾夺主。

图 5-3-48　狮子林假山

图 5-3-49　艺圃假山

图 5-3-50　以石借景

图 5-3-51　以石对景

江南传统园林中景物与观赏点之间的距离通常不远，固然是受到园林面积的限制，也是因为园中大多以假山作为对景，并且山的高度大多不超过 7m，如果观赏距离过远，则山石就会显得矮小，故一般采用 12～35m 的距离。以土石主山为主景的地方，观赏距离则通常不超过 20m。

《园冶》中讲到厅山不适合高耸其三峰，应“稍点玲珑石块”，重点表现山的形态、肌理以及虚实结合的变化（图 5-3-52）。在规模有限的小庭院内掇山，一要做到主从分明、疏落有致；二要位置选择巧妙，主峰不宜居正中，忌主、配、次峰排成一条直线；三要符合“瘦、皱、透、漏”的标准和上大下小的原则且山石之势玲珑，似有飞舞之状（图 5-3-53）。

图 5-3-52 留园太湖石假山五老峰

图 5-3-53 小庭院内掇山

小空间叠石还有一种常见方式，即在粉墙中嵌理壁岩。《园冶》中说：“峭壁山者，靠壁理也。藉以粉壁为纸，以石为绘也。理者相石皴纹，仿古人笔意，植黄山松柏、古梅、美竹，收之圆窗，宛然镜游也。”以山石嵌于粉墙内，辅之以花木，构成一幅优美的画面。如拙政园海棠春坞庭院南侧院墙的处理，书卷砖额下置优美湖石，配以海棠、慈竹，构成幽雅清静的理想之所（图 3-4-6）。

传统园林一般以稀疏散落的三两石块和石峰来点缀小空间，也有将大规模叠石作为景观的重点，只是空间难免有拥塞之感，所以仅在周围环境较为开敞的情况下可使用，借开敞和封闭的对比求得变化。如狮子林指柏轩前院，面积稍大且相对开敞，山石层岩叠翠、沟壑纵横，在西侧荷花池的映衬下，山林气氛尤为突出。

无论是作为主景的山峰，还是作为配景的块石，其位置都应根据园林造景和功能的需要合理安排。园林山景常用的布局方式有：池山一般位于园的中部，主峰不居园的正中，以山石把单一大空间分隔成小空间，入口处以山石为屏障阻隔视线，驳岸、池山临水而叠，石矶、步石必然临水，利用建筑和陡峻的山坡或峭壁围合成封闭的庭园空间，壁山靠墙而掇，石碧潭宜叠在庭院偏角，用花台及小品作为空间点缀等。在造园的过程中，需要时常协调山石与其他造园要素的关系，不断完善观赏效果。

3. 水的布局要点

园林水组合的典型方式是主从配置。在组织园景方面，以山为主体的园林，水多作从体，设计成溪流、濠濮、渊潭等小水面或带状水体。以水为主景的园林，一般采用湖泊型水面，围绕中心水池布局，以溪涧、濠濮、水瀑等形式的水体为补充，结合假山、植物和亭阁等建筑，形成不同的景色。大型园林一般以多种形式的水体同时存在。

以水池为中心，环绕水面布置景物和观赏点，是江南园林最常采用的布局方式。开阔的湖泊空间是全园主要景观之所在，园中如有山，其主体部分亦安排在这里，采取与水相依的处理方式；园中的主体厅堂也布置在这里，采取临水面山的方式，如留园中部及拙政园中部主体水面（图 5-3-54）。部分园林虽然也是以水为中心布景，但水池偏于园林的一侧，故大面积堆山叠石、栽植树木，形成山环水抱的格局，如艺圃水景（图 5-3-55）。

图 5-3-54　拙政园中部水景

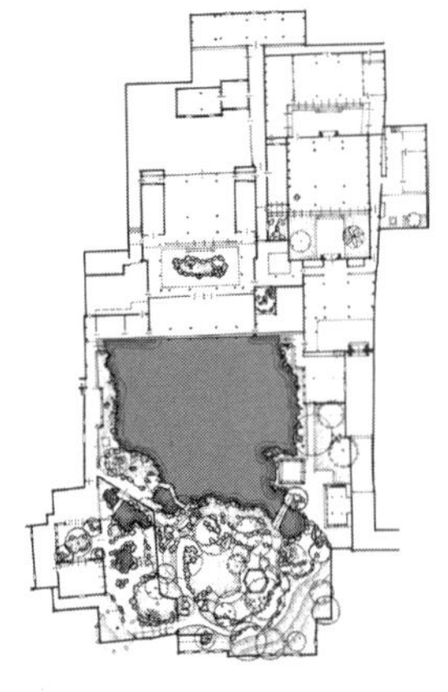

图 5-3-55　艺圃水景

园林中的大水面宜化整为零，变化为若干不同面积的水面，使之相互联系又各有不同形状和特点，从而形成大大小小的水景，增强水流隐约和无穷的感觉（图 5-3-56）。水面宽敞之处应因势利导，与山石、植物、亭台楼阁等相配合，成为相对独立、完整的空间；水面较窄的地方则用溪流沟通连接，使整体空间环境自成一体又互相联通，产生水陆萦回、小桥凌波的意境。

园林中带状水面是自然界溪流的再现，具有连续性，设计时忌宽而求窄、忌直而求曲（图 5-3-57）。另外，为了产生节奏变化，水面还要有强烈的宽窄对比，窄的地方收束视野，到宽的地方便豁然开朗，特别是与山石相结合，曲折藏幽，更能增加山林野趣。

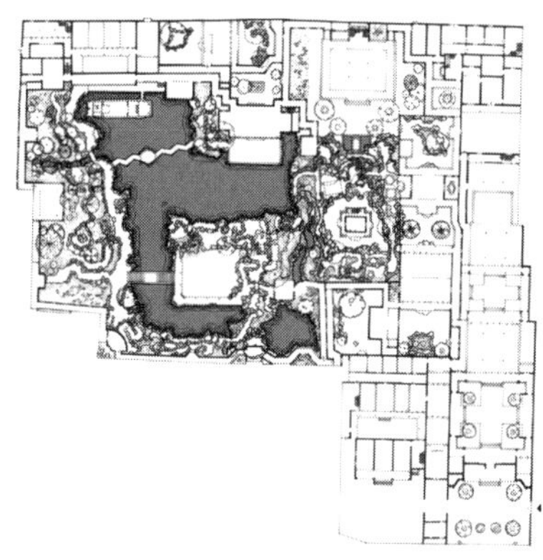

图 5-3-56　狮子林水面化整为零

图 5-3-57　带状水面模拟自然界溪流

自然界中的流水有来源有去向，江南园林中的水景也存在源流的处理。园林水景源头的表现方式有两种，一种是真实的引水口或者象征引水入园的水口，另外一种是模拟地表水的自然发源景象。水景的尽头常见的处理方式有三种：一是布置建筑作为河流或溪涧的结束，如水榭（图 5-3-58）；二是在流逝处用植物加以掩映，使人感觉源远流长；三是采取叠石的方式，做成石窦之类，象征水的流逝。

曲折的池岸须用建筑和植物来加以掩映。为了突出建筑的中心地位，临水的建筑，除主要厅堂前的平台外，亭、廊、阁、榭均做前部架空处理，悬挑在水面之上，水从其下流出，另外辅以垂柳、芦苇、杂木，可以产生池水无边的视觉效果（图 5-3-59）。很小的水面，如小池、溪涧，可用乱石砌墙作为驳岸，自然交错，配置各类灌木、水藻、小鱼，令小水面也产生深邃的感觉（图 5-3-60）。

图 5-3-58　留园活泼泼的源流

图 5-3-59　拙政园水廊池岸

图 5-3-60　园林小水面驳岸处理

## （二）园路场地

1. 形态和作用

在传统园林中，园路起着组织空间、引导游览、交通联系的作用，像经络一样把园中各个景区和景点连成整体，同时还可供游人驻足休憩。园路的形式多种多样，径、廊、桥等均能成为游人赏景的通道。园路的基本形态是甬道，在人流聚集处或庭院内，园路可以转化为扩散的形态，即场地；遇建筑，园路可以转化为游廊、穿堂、过厅；遇山林，园路可以转化为盘道、蹬道、石级、隧涵；遇水，则可以转化为桥、步石、堤等形态（图 5-3-61）。

图 5-3-61 各式园路

凡路必有所通，指向之处令人向往和期待，所以园路均具有引导作用，带有踏步的路可以引导游人从低处走向高处，跨越水面的小桥可以把游人从此处引至彼岸。所谓“景莫妙于曲”，为符合园林的意境，园路也应尽量做到含蓄而深邃，忌直而求曲，忌宽而求窄，如此才能激发游人寻景探幽的兴趣（图 5-3-62）。“因景设路，因路得景，步移景异”是中国传统园林布局原则，园林中那些藏而不露的景，也是借助园路的引导于不经意中被发现，从而产生令人意想不到的效果。

图 5-3-62 留园曲廊

2. 游赏路径的设置

江南园林大多数面积较小，空间有限，因此游赏路径的设置非常重要，应尽可能延伸行进的过程，用曲折的廊、径、桥组成园路，移步换景，既延长了游览时间、扩大了游赏范围，又可使人产生动态变化的行进体验（图 5-3-63）。在延伸园路长度和增加路径转折的同时，通过行进路径的连接、渗透、分隔、围合，营造空间层次、改变游览节奏，达到扩大空间的效果，丰富游人的观赏体验。如门洞处的停顿、转折，带来景观的突变（图 5-3-64）。

图 5-3-63　艺圃曲桥

图 5-3-64　可园门洞

为使游人的游赏体验尽可能丰富，最好选择在依山傍水或地形有起伏变化的地方建园，如果园内没有天然地形可利用，则要想方设法创造条件改变地貌，或堆山叠石，或引水挖池，使地形具有丰富的起伏变化，然后顺应自然、随高就低地设置游赏路径。如拙政园中部景区的见山楼，三面环水，两侧傍山，楼上楼下均有游廊相通，特别是通往二层的爬山廊，随着基势起伏，高低错落显著，周围的景色如画一般随着行进过程缓缓展开（图 5-3-65）。

常见的园林游赏路径有两种，一种是通过和山、池对应的房屋、道路、走廊组织观赏动线；另一种是通过山径、洞壑、桥梁等通道登山涉水，体验园内景致。江南传统园林多采用环形游览路线，比较简单的做法是绕山池一圈，如环秀山庄。中大型园林游赏路径设置相对复杂，通常以大环行路线为主，中间再加若干条小的环线，特别是山上迂回曲折的小径，如狮子林。为充分利用有限的场地空间，园林最外圈的环行路线应尽量靠近园林的界墙，如沧浪亭（图 5-3-66）。

江南园林中的路大多设计成有顶的，即廊的形式。廊可以自由转折，也可以任意弯曲，通过折廊、曲廊、“之”字形游廊可连接成不同的道路，使得园路更加幽深曲折。在传统园林设计中要善于借助自由转折的曲廊来连接各个单体建筑，或者分隔空间，达到增强建筑群体的组合性和多样性的效果，从而使人产生游赏空间无尽的体验。如拙政园小飞虹巧妙地使用水上廊道赋予空间组合的变化。

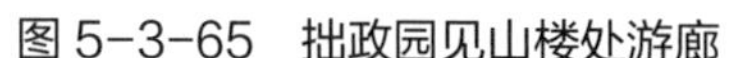

图 5-3-65　拙政园见山楼处游廊

图 5-3-66　沧浪亭外圈环形路线

## （三）要素经营

建筑、山、水、植物，以及匾额、楹联、刻石都是传统园林的构景要素。这些要素并非孤立地存在于园林空间中，而是彼此依托、相辅相成，共同构成园林景观。传统园林设计要结合自然环境和造园立意，通过对各种构景要素的艺术化处理，体现出造园者的文化修养和思想境界。

1. 建筑与山水

多数情况下，园林景点的构成或以建筑为主体，或以山水、花木为主体。在以建筑为中心的景点中，往往有意识地突出建筑的造型美。厅山、楼山和书房山就是建筑为主体、以山石为辅的布局方式。如留园五峰仙馆前后两个庭院都叠置了形态逼真自然的假山，人在厅中坐，好似面对庐山五老峰（图 5-3-67）。而在建筑群体景观构成中，应顺应地形的起伏变化，突出建筑群的竖向空间组合，显示其轮廓的高低错落，再辅以山石、花木、水池的陪衬和对比，加强建筑群体的构图美，使整体空间层次变得丰富、生动，增强园林艺术感染力。

在以山水为主体的园林景点中，将较小巧的建筑布置在一些制高点、转折点或特置点，控制大的景观场面，取得空间构图上的均衡，增加景观层次，获得视觉上相互呼应的艺术效果，正所谓“略成小筑，足征大观也”。如拙政园中部景区的荷风四面亭、待霜亭、雪香云蔚亭和梧竹幽居亭，四个小建筑以点连面，成为错落变化的一组建筑群，控制了水中的景观立面。在园林中的空白处和景观薄弱的地方设置小型建筑，可以起到补充和点景的作用，能够将死眼变为活眼，达到改善景观和激活氛围的效果，如豫园听鹤亭、寄啸山庄近月亭等。

山顶通常为园林的制高点，视野开阔，是非常重要的观赏点，宜配合山势建体量小巧玲珑的亭阁，再种植树木加以陪衬（图 5-3-68）。

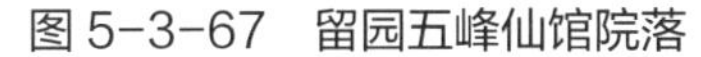

图 5-3-67　留园五峰仙馆院落

图 5-3-68　远观怡园螺髻亭

临水的建筑往往造型舒展平稳，白墙、灰瓦、漏窗，配以一两株高大的乔木，在池中形成生动的倒影，和水面相映成趣。临水建筑的具体形式有三种，一是建于水面之上，如拙政园松风水阁（图 5-3-69）、耦园山水间、网师园濯缨水阁等；二是紧贴水边，如留园绿荫轩和清风池馆，拙政园香洲和倚玉轩等；三是建筑与水面之间留有平台作为过渡，如怡园藕香榭、拙政园远香堂、留园涵碧山房（图 5-3-70）等。

图 5-3-69　拙政园松风水阁

图 5-3-70　留园涵碧山房

2. 建筑与植物

江南园林一般面积不大，在白墙灰瓦和棕褐色木结构建筑的周边配置花木，不仅能起到观赏、遮阴、闻香的作用，还可以与建筑硬朗的线条相互衬托，形成变化丰富的景观构图。植物的选择应与建筑风格相协调，采用以小见大的手法，用有季相变化的花木营造建筑四时之景。如赏荷花的远香堂、听雨轩，赏桂花的闻木樨香轩，赏玉兰的玉兰堂，赏竹的倚玉轩。

另外，还要根据建筑所处的位置和营造的环境氛围配置合适的植物。主要建筑的厅堂等前后宜选用姿、色、香俱佳的植物，数量不宜过多，以免遮挡建筑的外立面和影响室内采光，尤其是高大的乔木，应与房屋保持适当的距离，如留园曲溪楼前的枫杨（图 5-3-71）、拙政园远香堂前植广玉兰、怡园藕香榭一侧的白皮松等。

水边建筑临池的一侧一般不种植密集的树丛，宜种植不遮挡视线的少量花木，便于欣赏水中美景，可在廊后种植高大乔木衬托建筑（图 5-3-72）。

图 5-3-71　留园曲溪楼前的枫杨

图 5-3-72　狮子林建筑前植物配置

园林中山上和水边的亭子为了不显得孤立，旁边也应栽种植物。具体做法有两种，一是将亭子掩映在大片树丛中，如留园西部的舒啸亭（图 5-3-73），沧浪亭的山亭等；二是以亭为中心，在其旁栽植少量高大乔木，配以低矮的灌木，如拙政园的绣绮亭（图 5-3-74）、狮子林的扇面亭（图 5-3-75）。

图 5-3-73　留园舒啸亭

图 5-3-74　拙政园绣绮亭

图 5-3-75　狮子林扇面亭

园林建筑窗前的花木也颇有讲究，为便于赏景，向外眺望的窗前应栽种枝叶稀疏的花木，而用于采光的后窗，则应于墙边种植竹丛或其他花木，与白墙映衬，显得自然活泼（图 5-3-76）。过厅、花厅、廊道等处的空窗、花窗或漏窗，窗外花木的姿态宜配合框景，如小枝疏影横斜、蕉荫当窗、几竿修竹等，都能产生若隐若现的意境（图 5-3-77）。

图 5-3-76　窗外小景

图 5-3-77　空窗一景

3. 植物与山水

植物与假山相互配合，可以营造山林野趣和自然闲适的园林意境。在山上种植花木时，为发挥陪衬作用，应考虑植物的位置、疏密、姿态、成长速度等，花木宜少而精，并且要高低错落、层次分明。山体植被应考虑地形变化，平坦的坡地宜栽种枝条疏朗的落叶树，且密度不能过大；较大的山岭一般种植间距稍密的常绿树与落叶树；山崖或者石壁上的树，比较好的做法是栽植枝干盘曲的松、柏、朴等，斜出石外，以坚韧之态凸显山势，其下配以少量成长慢、姿态好的花木，如紫薇（图 5-3-78）。

图 5-3-78　环秀山庄山顶植被

土山和土多石少的假山，适宜较高大的落叶树和较低矮的常绿树错综栽植，构成山林植被的主体，中下层配植低矮的灌木和箬竹、草花之类，适当遮掩下部叠石，或将中下花木略去一部分，成为有变化的构图，如拙政园中部二岛的土山和沧浪亭土山（图 5-3-79）。石山和石多土少的假山，可以比较随意地配植常绿树与落叶树，且为了不阻挡山势，树木的数量应少而稀疏，灌木和草本植物等也宜少量配植，怡园、狮子林、留园及环秀山庄的假山都是如此。如狮子林东部的假山，山体上栽植古柏和白皮松，西部和南部的山地，以梅、竹和银杏为主，以花木作点缀，构成错落有致的画面（图 5-3-80）。

对于孤植石峰，适宜前植低矮草花，以绿色背景和鲜艳暖色相配合，衬托得石峰更挺拔秀美，且不会阻挡游人的视线。如留园冠云峰，但见湖石高耸，周围密植芭蕉、石榴、枸杞、南天竹等低矮植物，更好地衬托出峰的玲珑清秀（图 5-3-81）。

江南传统园林水体旁的植物景观对丰富水面构图有非常重要的作用。在临水建筑的前后左右种植少量形体较大、姿态富于变化的落叶树，配以矮小的花木与少数常绿植物，可将不同体量的建筑连成一体，形成生动婀娜的轮廓。例如网师园、艺圃水池周围的树木虽然数量不多，却是构成园中整体景象的点睛之笔（图 5-3-82）。

图 5-3-79 沧浪亭假山植被

图 5-3-80 狮子林假山植被

图 5-3-81 留园冠云峰周边植物

图 5-3-82 网师园池周植物

水池两岸所栽植的花木以稀疏为宜，通过形体、色调的对比形成优美多姿的形态（图 5-3-83，图 5-3-84）。对于较高的池岸，宜栽植枝条下垂的迎春、探春，再种上萱草、玉簪花、蝴蝶花、六月雪、凤仙花、秋海棠等，利用植物高低对比产生丰富的层次（图 5-3-85）。水边可植垂柳和碧桃，水的尽头用树木遮挡，以营造蜿蜒曲折和藏源之势。池岸路边则间植少许乔木和灌木，既不遮挡视线，又可丰富水边景色（图 5-3-86）。至于水中植物，睡莲适于用小池（图 5-3-87），水藻较少使用，偶尔用于鱼池做一些点缀（图 5-3-88）。园林水中的倒影优美别致，为保持池水的清澈明净，临水的亭榭旁、桥下、山下水体中往往不栽植荷花，即便栽植也要控制其生长速度。

图 5-3-83　拙政园池岸植物

图 5-3-84　艺圃池岸植物

图 5-3-85　较高池岸植物配置

图 5-3-86　池岸路边植物配置

图 5-3-87　睡莲

图 5-3-88　鱼池

# 第四节　造景手法

造景就是通过一些人工手段塑造园林景致。在《园冶》中就有涉及造景手法的表述，例如“园林巧于因借”“互相借资”等，随着造园技术不断发展，关于造景手法的理论知识更加系统。造景手法主要包括以下几种：借景、框景、障景、点景、移步换景等。

## 一、借景

江南传统园林对于外部空间的景物通常有两种处理方式：一种是“俗则屏之”，另一种是“嘉则收之”（图 5-4-1）。传统园林由于空间的局限，常需借园内外的有利要素，将景色有机融合，以体现园林意趣，故而借景成为丰富传统园林景观最重要的手法之一。对于借景，计成在《园冶》中有专篇论述，认为“借者，园虽别内外，得景则无拘远近”“借景无由，触情具是”，并总结说“夫借景，林园之最要者也”。

借景在传统园林造景中起到丰富空间层次、增加景观深度、塑造空间变化、融合景物内外、增添园林意境等重要的作用。例如苏州拙政园与西部补园在清末时曾为相邻的两园（图 5-4-2），两园相互借用邻园景物，使得两园景致互相融合，丰富了景观空间，增加了景观变化。

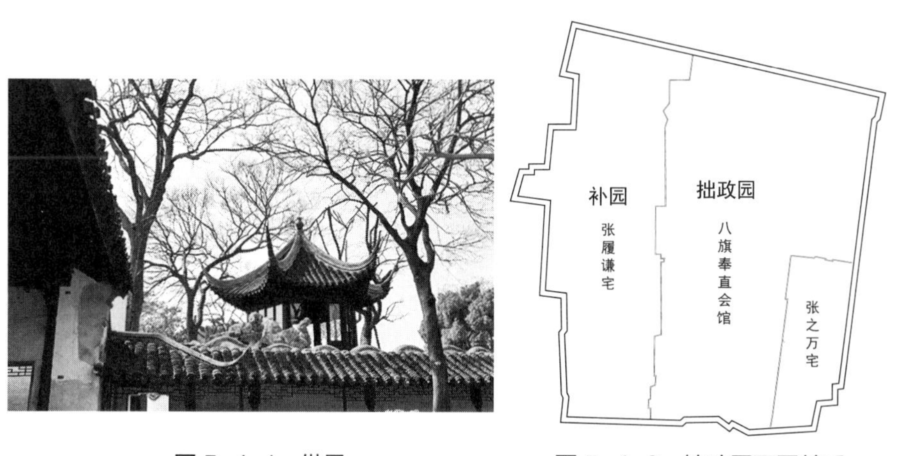


图 5-4-1　借景　　图 5-4-2　拙政园两园关系

借景因距离、视角、时间、地点等不同而有多种方式，计成在《园冶》中提出借景可以“邻借、远借、仰借、俯借、应时而借”，还可以“互相借资”。借景的对象大致可以分为实景、虚景、人景，共同构建了丰富多样的园林景观。

### （一）邻借

邻借也称近借，即借用邻、近之景物来组成园景欣赏。苏州沧浪亭借园外之水，是较为典型的例子（图 5-4-3）。沧浪亭与其他江南古典园林不同，不以园内理水为主，而是充分借用其园外北面小河之水，在水之滨修筑面水轩（图 5-4-4）、观鱼处、曲廊等建筑，还配植花木，巧借园外水景与园内景致融为一体，营建自然山水之趣。此外，在小河上建桥作为园林入口，形成了独具特色的入园景观（图 5-4-5），也是借景的巧妙案例。

### （二）远借

远借相对于邻借而言，指借园外较远处的景物以丰富园内景致。远借因观景点距离所借景物较远，需要有借景视线通廊，以保证观景视线通透。远借一般有以下三种方式：一是开辟一条赏景通廊，二是抬升观赏点高度或借用高耸的景物，三是借用天光云影。拙政园借景北寺塔是远借的经典案例，无锡寄畅园嘉树堂借景龙光塔亦有异曲同工之妙，站在堂前南望，远处锡山之巅上矗立着的龙光塔景致绝佳，同样为园林借景的经典之作（图 5-4-6）。

图 5-4-3　沧浪亭借水

图 5-4-4　沧浪亭借水（面水轩）

图 5-4-5　沧浪亭借水（入口小桥）

图 5-4-6　寄畅园借景锡山龙光塔

### （三）仰借与俯借

仰借即园中仰视园外高处之景或高耸之景，俯借则是指在园内高点俯瞰园外景致。仰借与俯借是立足于视点、视角来借景，二者往往可以形成互相借资的关系（图 5-4-7）。如拙政园中的浮翠阁，建于假山之上，成为园中制高点，可以俯借周边景物（图 5-4-8）；而处于低处的留听阁、卅六鸳鸯馆等处皆可仰视浮翠阁，使其成为仰借之景。再加宜两亭位于拙政园西边原张氏补园的假山之上，既可俯瞰西部园景，又可俯借中部园景，将两园景色尽收眼底。

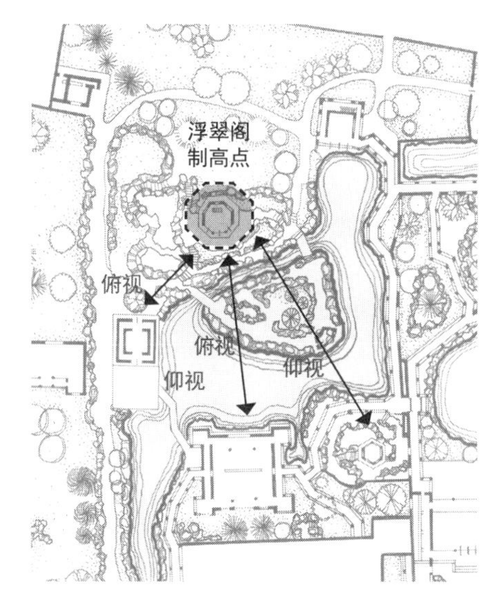

图 5-4-7　互相借资的关系

图 5-4-8　浮翠阁仰借

仰借、俯借最简单的处理方法就是在园中制高点上构建景观，既可在此俯借全园之景，又可在园中低处营建观景点，以仰借此处之景。例如苏州艺圃园中制高点的南部假山上设有朝爽亭，在此可俯瞰全园之景；而建于水滨的乳鱼亭又正好可仰借朝爽亭之景（图 5-4-9～图 5-4-11）。

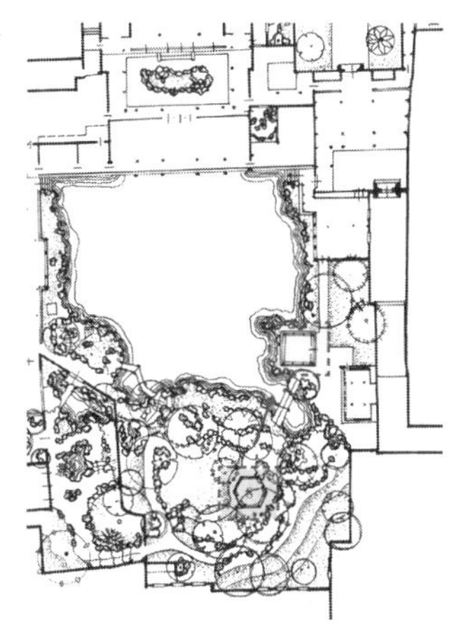
图 5-4-9　苏州艺圃借景关系

图 5-4-10　朝爽亭

图 5-4-11　乳鱼亭

### （四）实借与虚借

借景除根据观赏点不同进行分类外，还可以依所借之景的特性不同分为实借与虚借。实借所借的景致多为山水、建筑、花木等实物，通过物、形、色等“实”的视觉感知成景。虚借则指借用自然界变幻不定的事物，如风花雪月、朝露暮霭、梵音晨钟等，可以是光、影、声、味等“虚”的多感官体验。

### （五）应时而借

应时而借就是虚借。园林的意境是通过实中有虚、虚中有实、化实为虚、虚实相生创造出来的，因而传统园林中不可缺少虚景与虚借。以苏州拙政园为例：听雨轩外的角落植有芭蕉，雨天可静听雨打芭蕉之声，别有韵味（图 5-4-12）；雪香云蔚亭建于山岛之上，亭旁植梅，花开时节，暗香浮动，是赏冬景的绝佳之地；倒影楼则是以水面楼台，有虚幻空灵之美（图 5-4-13）。还有留园的闻木樨香轩，是闻桂花香的好去处。这些声、香、意、光、影，都是巧用虚借之景。

除此之外，日月星辰、风雪雨露、浮光掠影，都可作为虚借之景。用四时之景来渲染园林意境（图 5-4-14，图 5-4-15），是古人对景致的一种独特的视角与见解，能够在园景空间里加强时空艺术感染力，将传统园林从三维的物质空间转变为有时间维度的四维空间。

图 5-4-12 听雨轩应时而借

图 5-4-13 倒影楼应时而借

图 5-4-14 虚借之景
（冬景）

图 5-4-15 虚借之景
（秋景）

## 二、框景

框景是中国传统园林造景手法之一，可营造出独具特色的园林景观，充分表现出中国传统园林如诗似画的意境。

拙政园的梧竹幽居四壁方墙上各开一个圆形洞门，站在亭中心向四周望，四面不同之景可瞬息变换，正如亭中对联所写“爽借清风明借月，动观流水静观山”（图 5-4-16）。

### （一）框景定义

框景就是利用洞门、空窗、柱框、天井、廊下挂落甚至假山石洞等作为画框，框住一定范围内的精致景色，使景色如嵌入画框中的图画，形成一种别致的园林景观。

### （二）框景特点

1. 犹如嵌在画框中的图画

框景是有意识地设置框洞，引导观者在特定位置通过框洞赏景的造景手法。杜甫的诗句“窗含西岭千秋雪，门泊东吴万里船”，是对框景的诠释。窗洞为框，将景纳于其中，便框出一幅意境悠远的图画。

图 5-4-16　梧竹幽居

2. 景深层次丰富

一个“框”可框出远景、中景、近景，形成园林“庭院深深”之幽深感，有“纳千顷之汪洋，收四时之烂漫”的功效，如艺圃浴鸥门，由浴鸥小院门前观芹庐，有门洞纳景，近有小池和湖石，中间有粉墙阻隔，远可见方寸天空，这是层层叠叠之深（图 5-4-17）。

3. 虚实相生

框景中的框是虚空部分，而景实，使得框景虚实相渗透，且使视线延伸，形成连续丰富变化、明暗对比的流动空间。洞门和空窗还可造成视线通透，以及不同空间之间的联系，扩大了空间感，增加了空间层次。如苏州拙政园中“与谁同坐轩”，构作扇形，前面依水而筑，轩内有一扇面小窗，后面窗外翠竹若干，有若天然图画，加之两侧门形成景色四季多变的框景（图 5-4-18）。

图 5-4-17　艺圃“浴鸥门”

图 5-4-18　拙政园“与谁同坐轩”框景

## （三）框景类型

1. 洞门框景

洞门框景就是利用洞门框出景观。洞门包括地穴、门景等，多设于园墙中，用于分隔空间，仅有门框没有门扇，其形式多样，有圆、直长、正八角、长八角、长六角、圭形、横长、定胜、海棠、秋叶、葫芦、桃、汉瓶等形状。洞门是较常见的一种框景形式，苏州很多园林均有形态各异的洞门，既可通过洞门观赏景物，也可以穿过洞门进入所赏风景之中。

如网师园真意门，透过门洞观望，折桥、树木、石、水，一直到最后面的建筑，形成层次丰富的景观（图 5-4-19）；别有洞天圆洞门则形成回廊、山水、植物由近及远层层递进的景观效果。再加沧浪亭各种不同形状的洞门（图 5-4-20）。

图 5-4-19　网师园真意门洞门框景

图 5-4-20　沧浪亭洞门框景

2. 空窗框景

空窗框景是指利用窗洞将园内景色有选择地收入其中的框景方式。空窗框景的窗包括传统园林中各种类型的窗，月洞和漏窗、半窗和合窗等，都可以形成框景。除类型不同外，空窗的形式也多种多样，有方形、圆形、椭圆形、六角形、扇形、多边形、海棠、梅花、月形、葫芦、秋叶等形状。例如苏州拙政园嘉实亭的长方形空窗，框出窗外的修竹、山石，构成一幅竹石山水画；还有其他空窗，框出不一样的观赏视角，带来非同凡响的视觉体验（图 5-4-21）。再如网师园形式多样的空窗将不同的景物以特定的形式框出，形成层次丰富的微缩景致（图 5-4-22）。

图 5-4-21　拙政园空窗框景

图 5-4-22　网师园空窗框景

3. 柱框框景

由长廊、折廊的柱、枋框出的随着游人的移动而变换的景观，或者是竖柱与横梁或枋组合形成的框景，上下边缘的雀替、美人靠可丰富景观层次。柱框框景最为典型的就是利用长廊形成框景，可以展现动态观赏角度，形成一幅徐徐展开的画卷（图 5-4-23）。

图 5-4-23　柱框框景

4. 天井框景

天井框景就是由天井围合形成的框景。传统园林中天井普遍存在，合理利用也能形成富有特色的框景（图 5-4-24）。

5. 山石框景

山石框景是指由假山或置石围合形成的框景（图 5-4-25）。作为传统园林重要的构景要素，山石在自然山水的特性展示中起着重要的作用，往往是传统园林中的景观骨架。叠山置石时，通过孔隙、洞口、梁架等构建框景，可以丰富景观层次。例如苏州沧浪亭山石框景（图 5-4-26）、扬州个园湖石夏山形框景。

图 5-4-24　天井框景

图 5-4-25　山石框景

图 5-4-26　沧浪亭山石框景

### （四）框景元素

所谓框景，有框有景，框是景的展示平台，景占主导地位。框中的景由不同的园林要素通过一定的空间秩序组合而成，这些元素包括水体、山石、花草、建筑等（图 5-4-27）。

### （五）框景手法

框景充分利用作画的构图原理，以简洁的景框为前景，设置景观和视线，以类似拍照取景的方式撷取众多景物中有特色、优美的部分组成风景画面。构图完整，空间主次分明，主体突出，形成独特的艺术效果，达到框和景的协调与契合（图 5-4-28）。

图 5-4-27 框景元素

图 5-4-28 框景构图

1. 按景设框

在景与框中，景占主导地位，框是景的展示平台，选定景，设定框，即按景设框（图 5-4-29）。框和景的协调与契合是最主要的，需合理设置观赏点和被观之景以及它们之间的视线关系。

图 5-4-29 框景取景

2. 按框取景

在景与框中，框占主导地位，景是对框的点缀，但框到的景一般是真实而完整的，也可能是概念化、轮廓化、需要处理与美化的景观。按框取景时，也常通过虚实、明暗对比来强化框中的景，使景与框相得益彰。

3. 框自成景

框本身即可构成完整的景。这里的框有两种形式，一种是框本身成为一个景观，另一种是连续的“框”组成景观，用构筑物的形式形成连续的视线引导。框呈现的景可带来美好意象和联想（图 5-4-30）。

图 5-4-30　连续框景

## 三、障景

江南传统园林多采用障景之法来实现欲扬先抑、欲露还藏的景观效果，同时也能使园林空间不至于一览无遗、索然无味。障景有虚有实，既可以分隔空间，形成独立景观，也能够过渡空间，联系景观。

广义的障景包含了障景、隔景、藏景等通过“遮”的方式造景的所有造园手法。

### （一）障景

障景是指在园林中设置景观或景物作为屏障，以阻隔视线，遮挡其后的风景（图 5-4-31）。障景可以分隔空间，形成丰富的景观层次，激发游人不断探索园林空间奥妙的好奇心。障景是欲扬先抑造园艺术的典型体现。例如南京瞻园的假山分隔了园内空间，构成不同的景观片区。再如苏州拙政园入口的处理，不论是原来从中园入园还是现在从东园入园，都通过障景的方式形成入口景观，避免园景一览无余。只是中园入园以山石障景，露出远香堂一角，而东园入园，则是用兰雪堂遮挡视线，以建筑障景避免满园风光外泄。

### （二）隔景

隔景也是一种障景形式（图 5-4-32）。障景是完全地遮挡，而隔景既有障景分隔空间的效果，又能保障观景视线的连续与延伸。例如用游廊、云墙、花木等作为景物或景区间的隔断，通过月洞、花窗或是植物的空隙，使内外景致隔而不断。隔景效果与框景类似，不同之处在于框景是框与景的结合，框出的景需要具有相对完整性，而隔景重点在于隔与连，强调空间的分隔与视线的连续。隔景在传统园林中十分普遍，如苏州拙政园中园与西园之间利用园墙形成的隔景，无论在中园还是在西园，都能通过视线联系起两园的景色。苏州沧浪亭、怡园利用复廊形成的隔景也很典型。

图 5-4-31　障景

图 5-4-32　隔景

（三）藏景

藏景亦可看作是障景的一种，即将欲展示的景色有意地隐藏起来，前部或外部用山石、墙体、植物等加以遮挡，半藏半露、掩映得当，以达到“山重水复疑无路，柳暗花明又一村”的效果。宋代郭熙、郭思在《林泉高致》中准确地描述了藏与露的关系：“山欲高，尽出之则不高，烟霞锁其腰则高矣；水欲远，尽出之则不远，掩映断其脉则远矣。”例如苏州留园在入口设一条幽长狭窄的曲廊，行到古木交柯处，园景方依稀可见，待转至绿荫处，园景豁然开朗（图 5-4-33）。这种空间大小、明暗、开合的对比，给人带来极佳的游园体验。

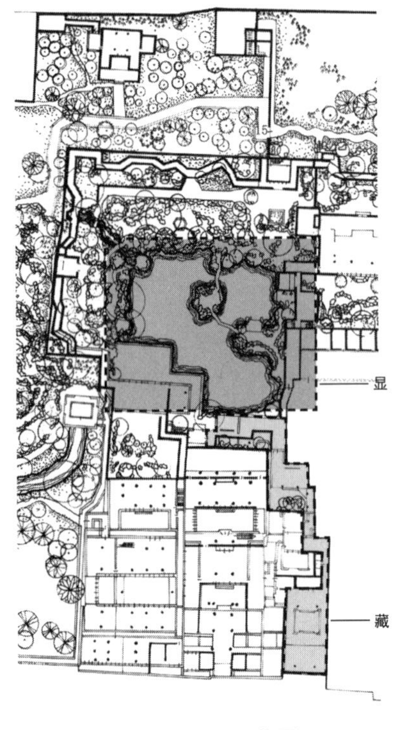


图 5-4-33　藏景

无论障景、隔景抑或藏景，都体现出“遮”对于成景的作用与效果，同时也需要借助相应的物体来实现，山石、建筑、花木等都是常用的障景元素。

山石是最常见的障景元素，既可采用大块的景石来遮挡视线，也可利用地势起伏的土山或石山来隔断观赏视线。例如苏州拙政园梧竹幽居与见山楼之间就是用土山来形成障景（图 5-4-34），而苏州耦园城曲草堂与山水间之间则是利用黄石假山来做障景处理（图 5-4-35）。

植物障景就是利用植物来阻隔观赏视线。植物障景与山石障景最大的不同在于植物没有山石那么“实”，往往会留有一些空隙，展现出半遮半掩的效果，而且植物障景还会因季节、天气的不同而产生变化，如风吹、花开、叶落等。通过植物障景还可以营造出曲径幽深之感，如苏州沧浪亭翠玲珑周边用大片的竹林营建障景的效果（图 5-4-36）。

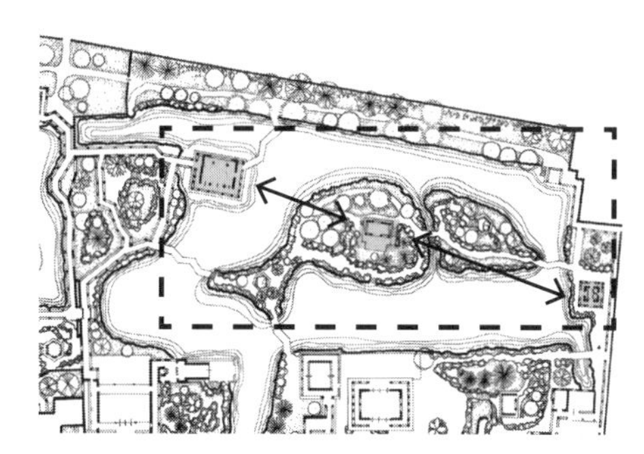

图 5-4-34　拙政园土山障景

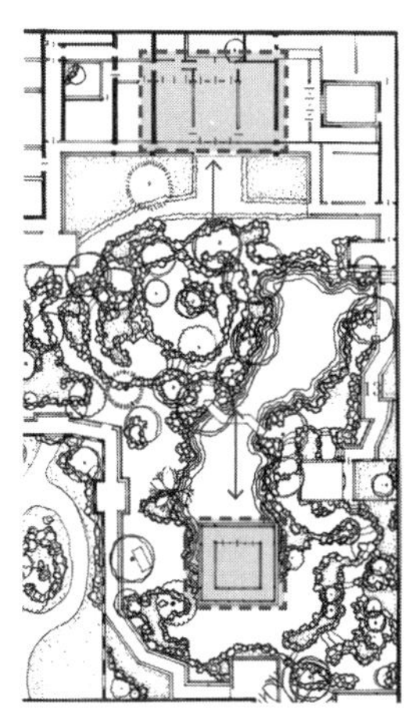

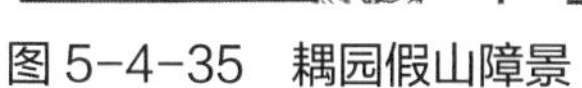

图 5-4-35　耦园假山障景

图 5-4-36　植物障景

建筑障景就是利用建筑隔断观景视线，厅堂楼榭、廊道院墙，都可用作障景的要素。环秀山庄四面厅是典型的建筑障景，需要穿过或绕过建筑，园景才会呈现在眼前。怡园锁绿轩用粉墙围合，通过隔断性障景来分隔内外，墙内构建静谧独立的园中园，达到锁绿之意，墙外则是一片山水风光（图 5-4-37）。

障景除了分隔空间外，还可以起到隐藏和模糊边界的作用，通过多种元素的有效组合，避免形成生硬的空间边界，达到曲径通幽、峰回路转的效果，让游人获得深远莫测、寻秘探幽的游赏体验。例如无锡寄畅园湖区与八音涧之间就是这种障景处理手法（图 5-4-38）。

图 5-4-37　怡园锁绿轩

图 5-4-38　寄畅园障景

障景总体来说有虚障与实障之分。实障指隔断性障景，就是完全阻断视线，游人在遮挡物两侧可以观赏不同的景致。如拙政园的枇杷园、寄畅园湖区与八音涧都算是实障，两侧是相对独立的景观空间。虚障则是渗透性障景，遮挡物两侧的景观似隔非隔、隔而未断，有着一定的关联性。例如苏州沧浪亭翠玲珑与周边的五百名贤祠、看山楼之间都是用竹林实现虚障，形成隔而不断、若即若离的景观联系（图 5-4-39）。

图 5-4-39　竹林虚障

## 四、点景

传统园林中在整体框架、空间结构、景区、景物确定后，需要用点景的手法来丰富空间、填补空白，以提升全园景致的丰满度、完善园景意境，实现锦上添花的效果。点景虽小，但在步移景异、提升传统园林空间景观丰满度和表达园林意境方面起着十分重要的作用（图 5-4-40）。

图 5-4-40　园林点景

点景是在园林整体格局、景观序列确定后进行的润色与添彩，既可以是局部的点缀，以锦上添花，也可以是对园林内景点的概括和题咏，以点明主题。不管是哪种点景方式，被点题的景色通常是比较小型，却也都是经过精心设计与营造的。

点景在园林中主要起补白、添彩的作用，虽多不是园中主景，却能使得园林景观更加丰满、更有意境（图 5-4-41）。点景无论是局部点缀，还是概括题咏，多以近距离欣赏为主，可以是简单的景物观赏，也可以是细细品味，或者是给游人提供联想、思索的空间。点景既可以是用花木、叠石、建筑等点缀园林各处的景象实点，也可以是用匾额、楹联、意趣等点明景观主题的文化虚点。

实点就是以植物、山石、建筑等实体元素来点缀园林空间。植物点景（图 5-4-42）、山石点景（图 5-4-43）多指仅用单纯的花木、叠石等进行点景，除所使用的植物、山石景观效果突出外，一般仅能起局部点缀或填补空白的作用。而建筑点景是依靠建筑来成景的（图 5-4-44），形成的景观相对丰富，景象空间也更大一些，所起的点景作用也更突出。建筑点景多使用较小型且造型别致精巧的园林建筑，而且由于建筑建好后其外观、朝向等都是固定的，因而营造前需要仔细斟酌其朝向与环境的关系，以形成最好的观赏角度。

图 5-4-41 点景

图 5-4-42 植物点景

图 5-4-43 山石点景

图 5-4-44 建筑点景

在传统园林中，单要素点景的情况并不多见，往往会利用多种要素组合在一起进行点景，形成的景观效果也更多样。多要素点景是运用植物、水体、山石、建筑等组合搭配，形成丰富多样的点缀景致（图 5-4-45）。例如在苏州传统园林中常见的一组小景：粉墙前几株修竹加三两石笋，形成一幅简洁清雅的水墨竹石图。在多要素点景中，植物是使用最多的，其与山石、水体、驳岸、建筑等都能随意搭配。例如拙政园听雨轩旁配一清池，池边墙角植芭蕉、翠竹，组成一组清雅的景致，端坐轩内，可体验“雨打芭蕉闲听雨”的意境。再如留园石林小院旁的植物山石小景，简单的组合，写意的搭配，构建了一处补白的小景，也可算是点景的上佳案例。

点景的虚点不同于实点，不以建筑、山石、花木等实体景物为要素，而是以匾额、楹联、雕刻、意趣等概括景点特性，点明其文化内涵，引人联想、提升意境。如苏州留园的古木交柯，一方庭院，靠墙筑明式花台一个，台内植柏树、山茶各一，正中墙上嵌一方砖匾，上书“古木交柯”四字，点题、应景，仅一匾、一台、二树，就构建了一处疏朗淡雅的空间，如写意山水画一般，简洁却耐人寻味（图 5-4-46）。

图 5-4-45　山石和植物点景

图 5-4-46　文化点景（古木交柯）

除上述点景方式外，还有一种意趣虚点成景，包括了声、光、影、香、意等元素。苏州拙政园的听雨轩和留听阁，有着“蕉叶半黄荷叶碧，两家秋雨一家声”的意趣。两处虽均以雨声点景，听雨却又有所不同。听雨轩听雨打芭蕉之声，得“芭蕉叶上潇潇雨，梦里犹闻碎玉声”的诗意（图 5-4-47）；留听阁则是传达出“留得残荷听雨声”。拙政园的远香堂以“香”点景，取自诗句“室雅何须大，花香不在多”的意（图 5-4-48）。待霜亭则是以色点景，取自唐代诗人韦应物的名句“书后欲题三百颗，洞庭须待满林霜”。而倒影楼以“影”点景，得“坐对当窗木，看移三面阴”之意境。

点景虽方式多种多样、有实有虚，但因其多为点缀、补白之用，故构图相对简明，只有单向构图和多维构图之分。单向构图较为简单，表现方式近似绘画，通常是“以墙为纸，以石为绘”，即在白墙前布置花木、置石等小巧简练的景物，形成单一观赏面的小景（图 5-4-49）。多维构图相对复杂，需要有多个欣赏角度，形成多个观赏面，有时甚至需满足平视、俯视等多维度的观赏需求（图 5-4-50），并且要保证每个观赏面的构图完整。

图 5-4-47 听雨轩

图 5-4-48 远香堂

图 5-4-49 单向赏景

图 5-4-50 多维点景

单向点景在传统园林中非常普遍，通常设于片墙前、游廊旁、院角内等非重点位置，起点缀、补白作用，往往没有正式的景名。例如苏州怡园玉延亭旁墙前的点景，怡园沿园墙前布置的点景都属于单向点景（图 5-4-51），也有少数像古木交柯这样的知名小景，直接参与了园中的主要景观序列。

多维点景更丰富也更复杂，构建的景点需要有多个不同的观赏角度。例如苏州留园华步小筑可供三面欣赏，且每个观赏面都构图完整。再如网师园殿春簃小院中的冷泉亭小景（图 5-4-52），通过不同元素的组合，构建了从各角度观赏都有不同景致意趣的点景佳例。

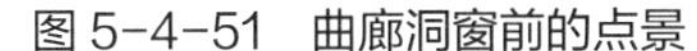

图 5-4-51 曲廊洞窗前的点景

图 5-4-52 多维点景（冷泉亭）

## 五、移步换景

移步换景是一种处于动态视角下的造景手法，同时又需要依托其他造景手法来共同建构园林的各种景点、景区，以形成完整的游园景观序列。游是观赏传统园林的重要方式，移步换景与园林的空间序列、游线组织密切相关。

移步换景也可称为步移景异，是指景物随着人的移动不断变化，也就是游人在行进过程中随着观赏点的变换而不断看到新的画面。要实现这一目的，园林中景观的空间序列和游线组织极其重要。

空间序列营建关系到园林的整体结构和全面布局，会影响到游赏线路的安排，而游赏路线的组织也会影响空间序列的形式（图 5-4-53）。空间序列是以景为对象组织安排游览，而游赏线路则是以人为对象进行的组织安排，两者相辅相成，密切相关。在传统园林中，空间序列、游线组织都与引导密不可分，通过科学、合理的引导，可以形成有效的空间序列和适宜的游赏线路。引导包括路径和景致两个方面。路径是动态的、主动的因素，通过组织、联系各个景物、景点构建有效的空间序列，同时依托游赏线路引导游人开展游园活动，获得移步换景的游园体验。景致则是引导的对象，确定构景要素的位置、相互关系、空间层次以及主宾的配置等，通过路径实现对空间序列的游线组织。

图 5-4-53　连续的视点

游线组织与空间序列密不可分，一个以景为主，一个以人为本。在江南传统园林中，游园路线的安排通常会采取迂回蜿蜒的方式，欲左先右、欲上先下、欲露先藏。游赏路线的组织形式和园林规模的大小直接相关，园林规模由小及大，其游赏路线通常也由简单变为复杂，如较为简单的闭合式环形游赏路线、贯穿式游赏路线、辐射式游赏路线、复杂的综合式游赏路线等。

苏州畅园是一个小型园林，园内就构建了闭合的环形序列：从入口进园是序列的开始，经曲廊引导至主要厅堂，呈现出最精彩的部分，最后以出口附近的景致作为序列的尾声，形成相对单一的起承转合的游赏线路。

苏州怡园则是一个中型园林，其空间序列是将全园分成若干片区，在各个片区内组织内部小游线，然后再把片区内小游线连接成完整的游园线路，以匹配全园的空间序列（图 5-4-54）。

作为中国四大名园之一的留园，其园景空间较为复杂，采用了综合式的空间序列和游线安排（图 5-4-55）。留园除入口空间外，大致分为中、东、西、北四部分，景色各异。全园在入口处空间封闭、狭长，视野收缩，过古木交柯略微放开，待行至绿荫轩则豁然开朗，达到高潮，而过西楼后空间再度收束，至五峰仙馆重新打开，通过空间的反复收放，形成一个具有留园特色的空间序列。

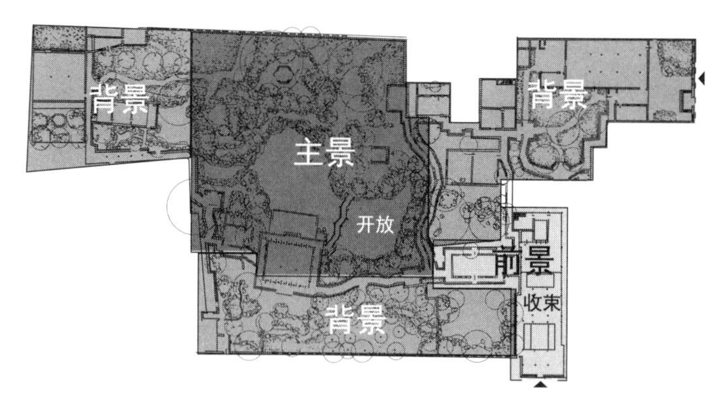


图 5-4-54 怡园空间序列

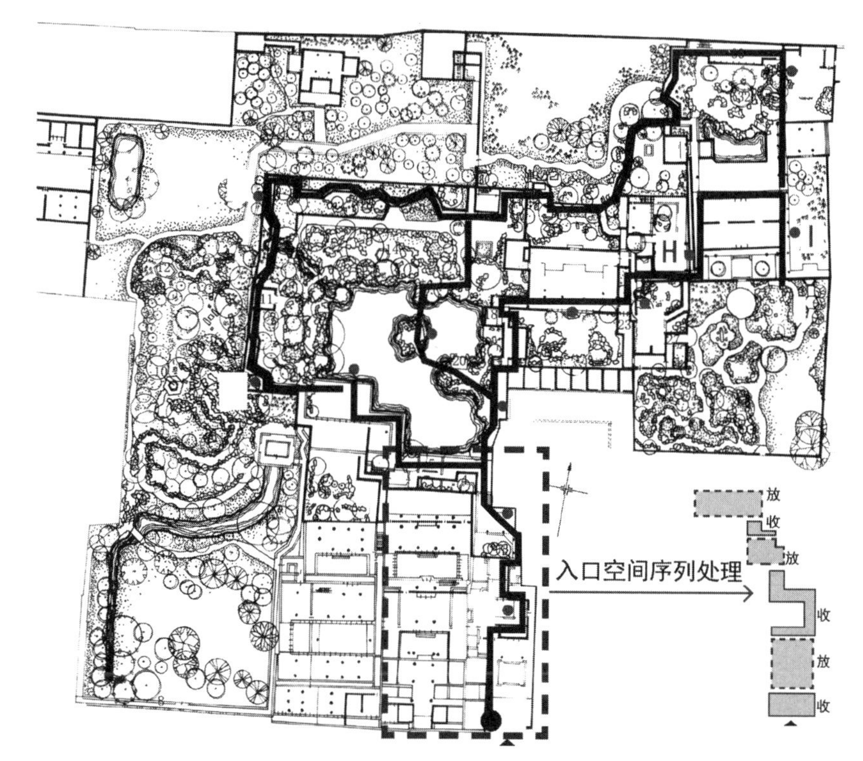


图 5-4-55 留园游线

组织游线首先要确定路径，路径是对景观系统的综合组织，通过对路径的优选组合，同时结合视点的动态变化，就是实现对游线的组织，以提供游人对园林的观赏体验（图 5-4-56）。景象空间的关系、空间序列的控制影响着路径的选择，而路径组织也控制着景象的更替变化、景面的展示顺序，景物、景点的观赏距离，以及景观的空间序列展示和呈现等。

在空间组织中，游线的导向性和引导作用十分明显。游线可以充分利用游廊、曲径、视线等线性元素实现对游园的导引。例如长廊呈现出细长的空间形式，具有十分典型的纵向延伸感和强烈的引导性，对于引导游人的游览趋向具有明显的暗示作用（图 5-4-57）。另外，还可以借助路径引导以达到藏景等不经意间被发现的景观营造效果，例如苏州狮子林中在指柏轩前桥的引导下看向卧云室。

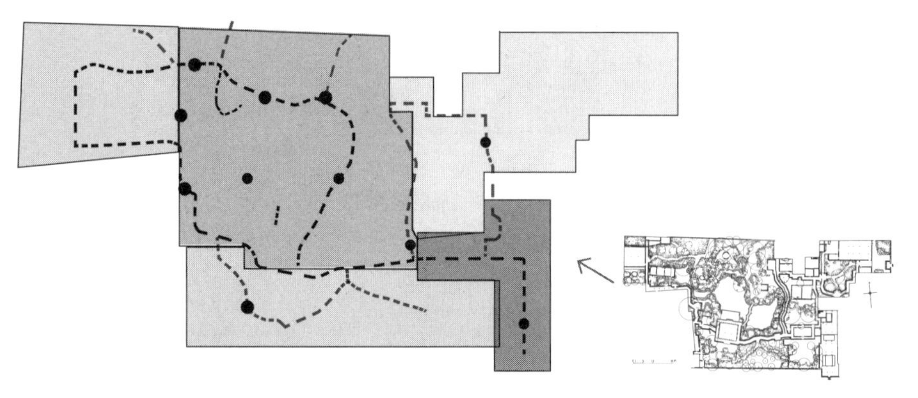

图 5-4-56　怡园游线

图 5-4-57　游线的导向性

江南传统园林的路径设计通常具有游览的引导暗示性、行进的蜿蜒曲折性、游线的回环持续性，所以园内道路都会采取相应的形态变化，注重路径与景致之间的呼应关系，从而使游人获得步移景异的游赏效果。



江南传统园林中的游线组织，还会在重要的观赏点有意识地组织景物、景点、景面、景象，形成各种对景、借景、框景、障景等关系，使游人的视点处于动态的变化过程中，从而获得移步换景的游园体验。例如苏州怡园从入口开始，结合主要游线设置了若干观赏点，使得景观序列依次展开，实现步移景异的效果（图 5-4-58）。

图 5-4-58 怡园移步换景

移步换景与其他造园手法不同，需要有效构建空间序列和进行游线组织，以满足连续的、动态的游园需求。同时，移步换景必须借助于借景、框景、障景、点景等静态造景手法所营建的园景，才能实现传统园林丰富而有意境的园景空间与美好的游园体验的和谐统一。

# 第五节　案例解析

## 一、拙政园

拙政园位于苏州娄门东北街，总面积 4.1hm$^2$，是大型私家宅园。它始建于明代正德年间，御史王献臣官场失意返乡，于城东北原大弘寺所在沼泽地营建此园，用时五年竣工。之后，此园屡次易主并屡经改建，逐渐分为西、中、东三部分。太平天国期间，西部和中部被用作忠王李秀成府邸的花园，东部的“归田园居”则荒废。光绪年间，西部归到了张履泰的补园，中部拙政园归官署所有。

现如今，西部的补园和中部的拙政园紧邻邸宅之后，呈前宅后园格局。东部原为“归田园居”的废址，1959 年重建，开辟了大片草地，布置茶室、亭榭等建筑物，满足城市居民休憩的需求，风格明快、疏朗，但已非原貌。本书中重点介绍拙政园的中部和西部（图 5-5-1）。

园门是邸宅备弄的巷门，经长长的夹道进入腰门，一座小型黄石假山障景隔断视线，绕过山后，可见一泓小池，循廊沿着水池便转入主景，豁然开朗，或渡桥过池往北，为园中部主体建筑物远香堂（图 3-1-13），堂面阔三间，夏天荷花满池，清香远溢，取宋代著名理学家周敦颐所写的《爱莲说》中的“香远益清，亭亭净植”。西侧紧邻倚玉轩，远香堂北临水为月台，站在堂内或平台可隔水眺望对面中部主景，南部景区以远香堂为中心，立面高低错落（图 5-5-2）。

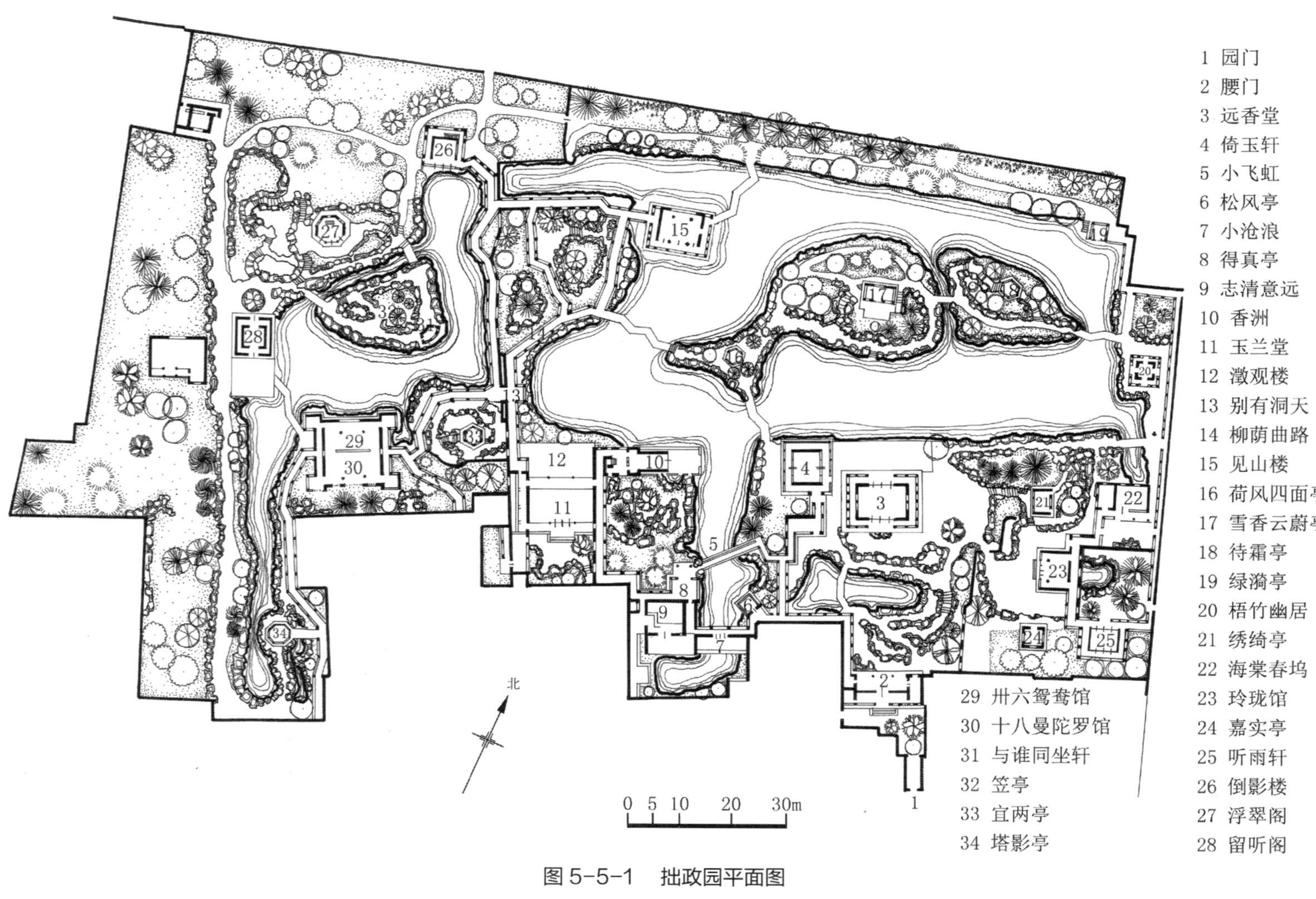
1 园门
2 腰门
3 远香堂
4 倚玉轩
5 小飞虹
6 松风亭
7 小沧浪
8 得真亭
9 志清意远
10 香洲
11 玉兰堂
12 澂观楼
13 别有洞天
14 柳荫曲路
15 见山楼
16 荷风四面亭
17 雪香云蔚亭
18 待霜亭
19 绿漪亭
20 梧竹幽居
21 绣绮亭
22 海棠春坞
23 玲珑馆
24 嘉实亭
25 听雨轩
26 倒影楼
27 浮翠阁
28 留听阁
29 卅六鸳鸯馆
30 十八曼陀罗馆
31 与谁同坐轩
32 笠亭
33 宜两亭
34 塔影亭
0 5 10 20 30m
北

图 5-5-1　拙政园平面图

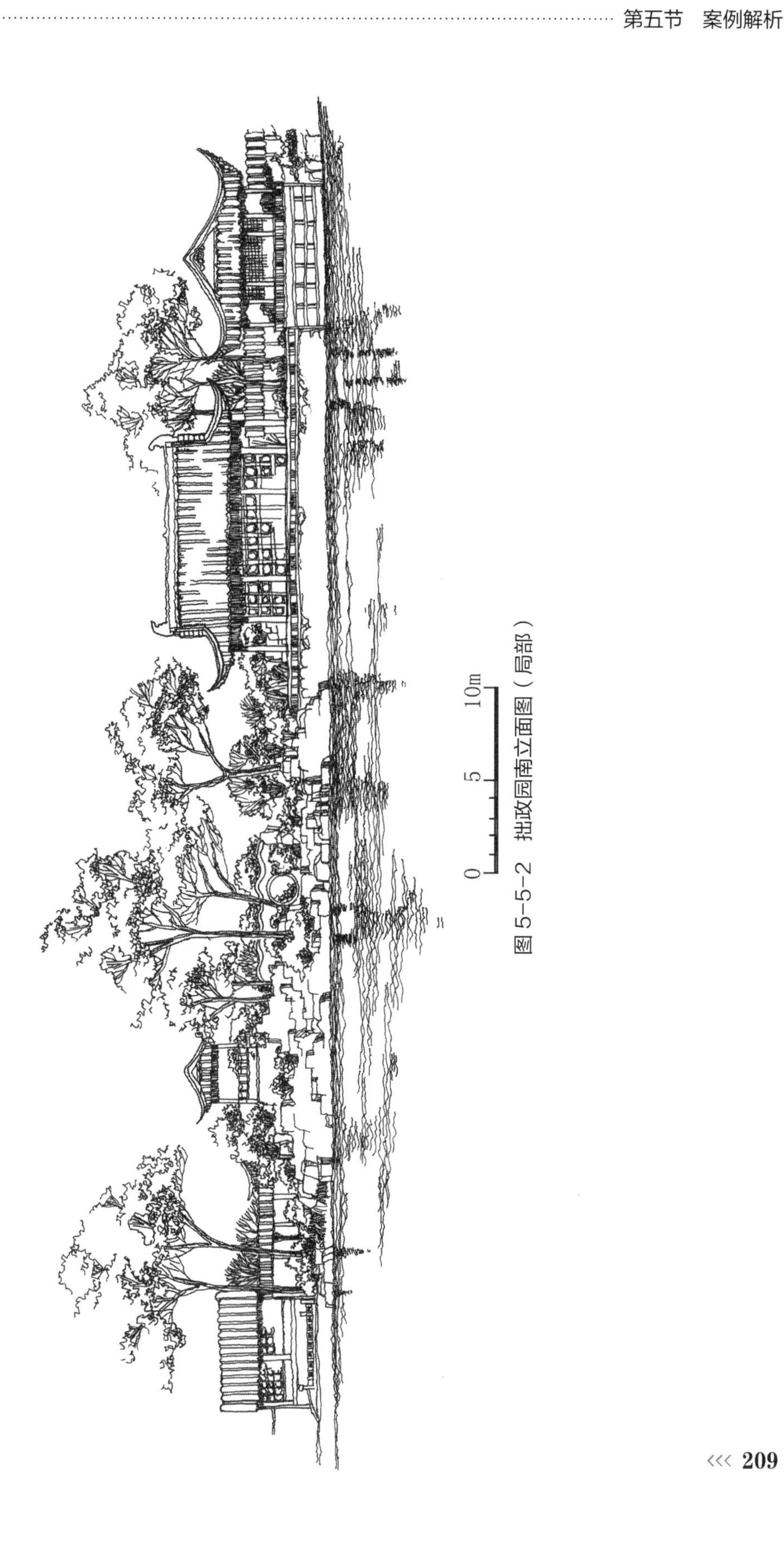


图 5-5-2 拙政园南立面图（局部）

中部以大水池为中心，池中垒土石，构筑东、西两岛山，岛山以土为主、以石为辅，把水池划分为南北两个空间，形成多变的山水结构。水面时而辽阔、时而曲折，水池东西两端留有水口、水尾，水源看似无源无头，水流看似无穷无尽。较大的西山与较小的东山形成鲜明对比，山顶分别建雪香云蔚亭（图 5-5-3）和待霜亭（图 5-5-4），一大一小，一显一隐，互相对比烘托。雪香云蔚亭系一古朴的矩形方亭，雪香指白梅，云蔚指树木葱茏如云之壮观。雪香云蔚亭与远香堂隔水相望，互成对景，构成园林中部的南北中轴线（图 5-5-5，图 5-5-6）。沿待霜亭向梧竹幽居方向走，可见水池对岸的绿漪亭，在秋天红叶的映衬下显得越发雅静（图 5-5-7）。

岛山向阳一面的黄石时高时低，大小、高低错落有致，池岸变化丰富，背阴面的土坡苇丛杂生，繁茂丛丛。两山之间有溪谷，溪上小桥平铺，山上遍植各类树木，岸边散植灌木，藤蔓丛生，此外还间植柑橘、梅花，植物配置丰富多样，树木浓荫密密匝匝，一年四季赏心悦目。

园之东南角有一处园中园，谓枇杷园，用云墙和假山障隔为独立区域。园内栽植枇杷树，并建玲珑馆和嘉实亭。玲珑馆是枇杷园中的主要建筑，坐东朝西，馆内高堂正中前后分别悬挂写有“玲珑馆”和“玉壶冰”的两块匾额。嘉实亭是一座小亭，亭名取自宋人黄庭坚的诗句“江梅有嘉实”。

玲珑馆东侧用花墙分隔出一独立小院——海棠春坞。院内海棠两株，初春时分繁花似锦，庭院铺地用鹅卵石镶嵌而成的海棠花纹，与海棠花相呼应，靠壁置石。庭院虽小，却更显清静幽雅。

图 5-5-3　雪香云蔚亭

图 5-5-4　待霜亭

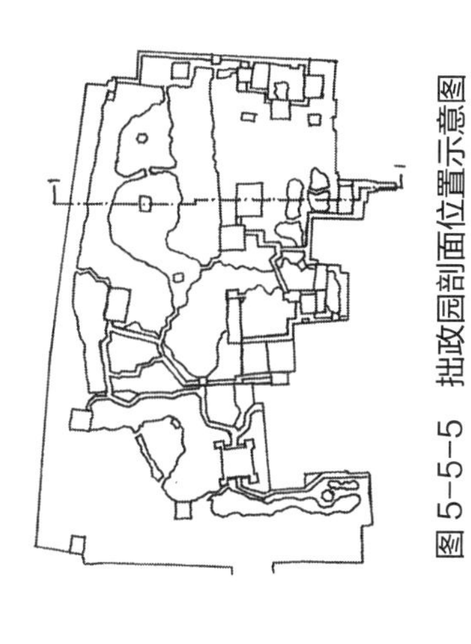

图 5-5-5 拙政园剖面位置示意图

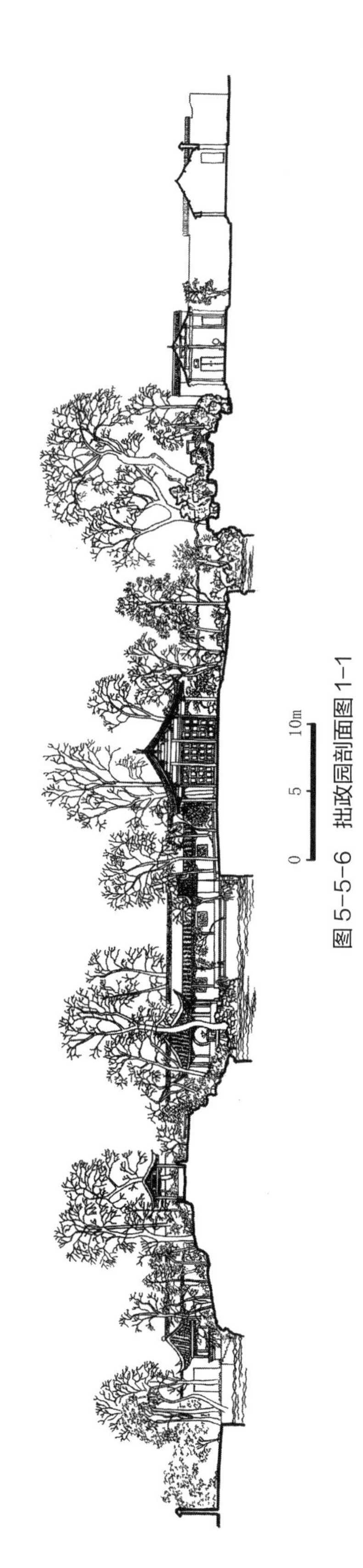


图 5-5-6 拙政园剖面图 1-1

图 5-5-7　绿漪亭

西山的西南脚建单檐六角亭“荷风四面亭”（图 5-5-8），坐落在园中部的池中小岛上，四面通透，亭因荷而得名，夏日莲花亭亭玉立，岸边柳枝婆娑飘摇，亭中有抱柱联：“四壁荷花三面柳，半潭秋水一房山”，诗情画意自然显现。亭周围春柳、夏荷、秋水、冬山，四季皆有景。亭的南、西两侧各架一座曲桥，把水池分为三个区域，但又彼此通透。西桥通往柳荫曲路，南桥衔接倚玉轩，两桥为全园之交通枢纽。

自倚玉轩循曲廊向南，为水尾一湾，廊桥小飞虹横跨其上，水波粼粼，宛若飞虹。过桥往南，可至得真亭，此亭为方形平面、卷棚歇山顶，得名于《荀子》中的“至于松柏，经隆冬而不凋，蒙霜雪而不变，可谓得其真矣。”其南又有水阁三间，横架水面，名小沧浪，与小飞虹南北呼应，又与亭、廊构成内聚独立，别具一格的幽静水院。自水尾小沧浪北望，可见最北端的见山楼。由得真亭折北，可见黄石假山一座，假山北面临水为舫厅香洲（图 5-5-9），舫式结构，有两层舱楼，它的后舱二楼名澄观楼，香洲高雅而洒脱，水中倒影纤丽雅洁。香洲与倚玉轩一纵一横隔水对望，其西是清静独立的小庭院玉兰堂，院内主植玉兰花，配以修竹、湖石，成为雅静优美的小院。玉兰堂向北为位于水池最西端的半亭别有洞天，是中部与西部的连接，别有洞天与水池最东端的小亭梧竹幽居形成对景，遥相呼应，也是主景区东西向的轴线。

图 5-5-8 荷风四面亭

图 5-5-9 香洲

从别有洞天沿廊北行，可达见山楼，楼三面临水。由西侧爬山廊可直达楼上，遥望对岸的香洲、倚玉轩，形成连续的景观，爬山廊的另一端连接曲折游廊，通往起伏之地，形成两个彼此通透、不规则的廊院空间，曲曲折折，廊院中遍植垂柳，故名柳荫曲路。往西穿过半亭，便是西部的补园。

补园亦以水池为中心，水面呈曲尺形，水面以流动、分散的溪流为主。池中筑有小岛，首先映入眼帘的是岛之东南角临水处的扇亭与谁同坐轩，取宋代文人苏轼“与谁同坐。明月清风我。”之词。形象别致高雅，亭名韵味十足。凭栏环眺三面景，与西北岛山顶上的浮翠阁遥相呼应。

池东北一段颇为狭长，西岸延绵山石、林木等自然之景，东岸沿墙构筑随势曲折的水上游廊（图 3-1-30），水廊北端连接于倒影楼，以观赏水中倒影为主。楼分两层，位于水之收尾处。水廊南端为建于假山之巅的六角形亭子宜两亭（图 5-5-10），六面置窗，窗格为梅花图案，与倒影楼隔池成对景，登上宜两亭，可俯瞰中西两园之景，故名宜两亭。

图 5-5-10 宜两亭与别有洞天

宜两亭西侧是建筑鸳鸯厅，厅为方形平面，四角各附耳室一间，为昔日园主于厅内举行演唱活动时仆人侍候用房。厅中间用隔扇分隔为南、北两半。南半厅名十八曼陀罗馆，馆前的庭院内种植山茶（曼陀罗），庭院之南为邸宅，北半厅名卅六鸳鸯馆，挑出于水池之上。由于此建筑体形过于庞大，显得池面较小。

由馆西渡曲桥，为临水的留听阁，体量轻巧，四周开窗。阁前置平台，是赏秋荷听雨的绝佳处，阁名取自唐代诗人李商隐的诗句“留得残荷听雨声”。由此北行登岛上山，山上林木茂密、绿草如茵，达山顶浮翠阁（图 5-4-8），此阁为八角形双层建筑，建筑好像浮动于一片翠绿浓荫之上，这是全园最高点。自留听阁以南，水面狭窄细长，水面南端建置小型点景建筑塔影楼，与留听阁构成南北呼应的对景线。

拙政园中部是多形态、多空间的复合大型宅园，水体约占园林面积五分之三，是典型的以山水为主的私家园林。水面广阔，形成开敞空间，建筑物大多临水，可对望景观。桥多，且皆为平桥。园林空间丰富多变：院落、山林、山水建筑，采用开敞、半开敞等空间形式穿插、渗透、巧妙连接，形成多变的空间序列组合。主景区建筑疏朗，布置错落自由，点缀在山水、花木等自然景观中，彰显自然野趣。拙政园中部尚保留了些许宋、明以来的平淡简远自然之风。补园水系狭窄，建筑密集，略显拥挤。

## 二、留园

留园位于苏州阊门外留园路，占地 2.3hm$^2$，是一座大型山水园林。始建于明代万历年间，最初名为东园，是太仆寺少卿徐泰时的私园。清代乾隆年间，吴县（今江苏省苏州市）洞庭东山人刘恕得此园，在东园故址改建，因其“竹色清寒，波光澄碧”更名为寒碧山庄，俗名刘园。光绪二年，盛康修缮整治完工，取谐音改园名为留园。

从布局上看，留园分为中、东、西和北四个部分。中部以原来的寒碧山庄为基础、水池为中心、山石楼阁环绕、长廊小桥贯之，配以高大古木，明媚清幽，是全园精华所在。东部以建筑见长，华丽宽敞的大型厅堂与轩廊、石峰等组成多重特色的园林空间。西部为全园最高处，土石相间的大假山粗犷雄浑。北部则为自然的田园风光（图 5-5-11 至图 5-5-13）。

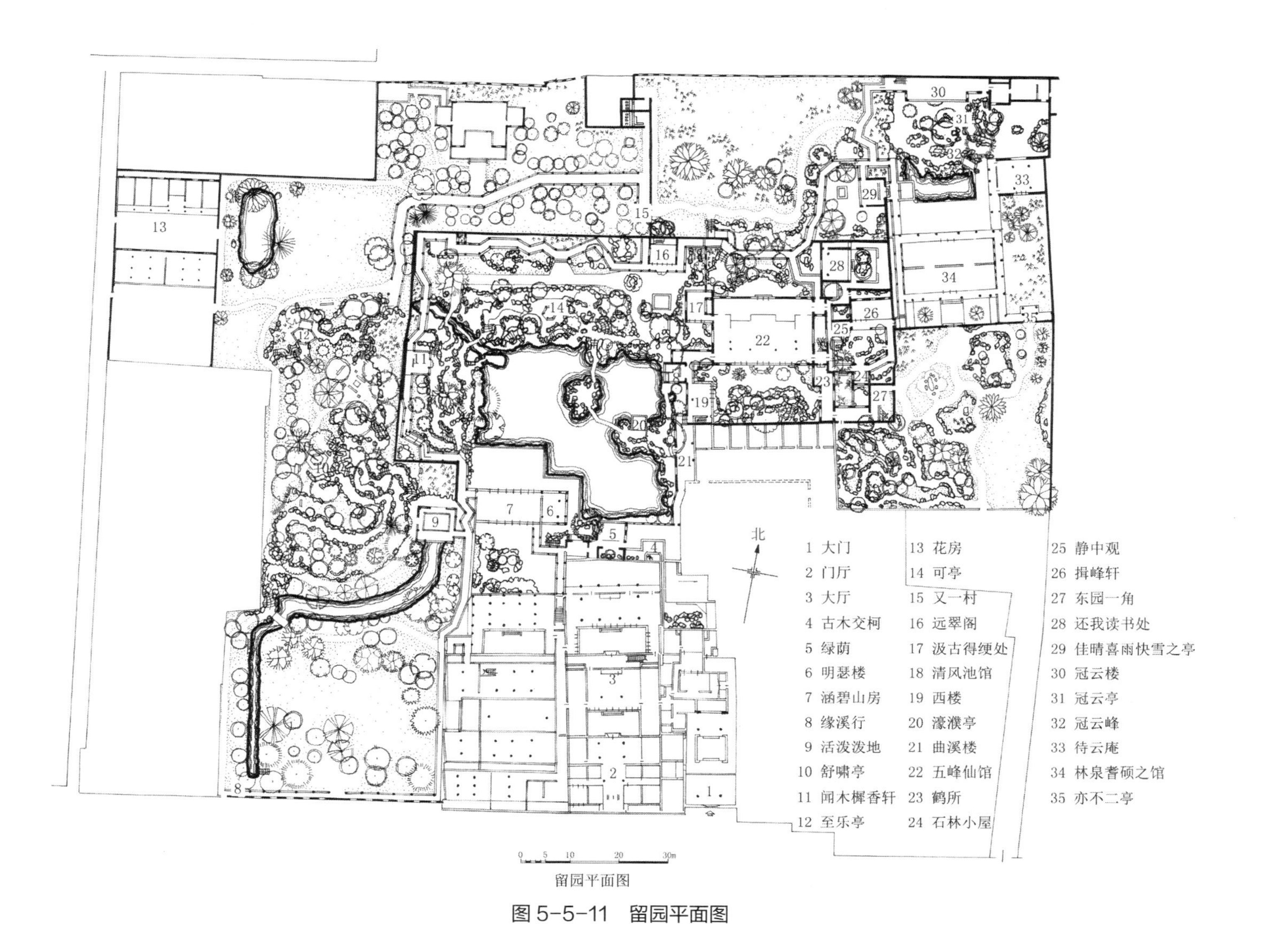
1 大门
2 门厅
3 大厅
4 古木交柯
5 绿荫
6 明瑟楼
7 涵碧山房
8 缘溪行
9 活泼泼地
10 舒啸亭
11 闻木樨香轩
12 至乐亭
13 花房
14 可亭
15 又一村
16 远翠阁
17 汲古得绠处
18 清风池馆
19 西楼
20 濠濮亭
21 曲溪楼
22 五峰仙馆
23 鹤所
24 石林小屋
25 静中观
26 揖峰轩
27 东园一角
28 还我读书处
29 佳晴喜雨快雪之亭
30 冠云楼
31 冠云亭
32 冠云峰
33 待云庵
34 林泉耆硕之馆
35 亦不二亭
北
0 5 10 20 30m
留园平面图

图 5-5-11　留园平面图

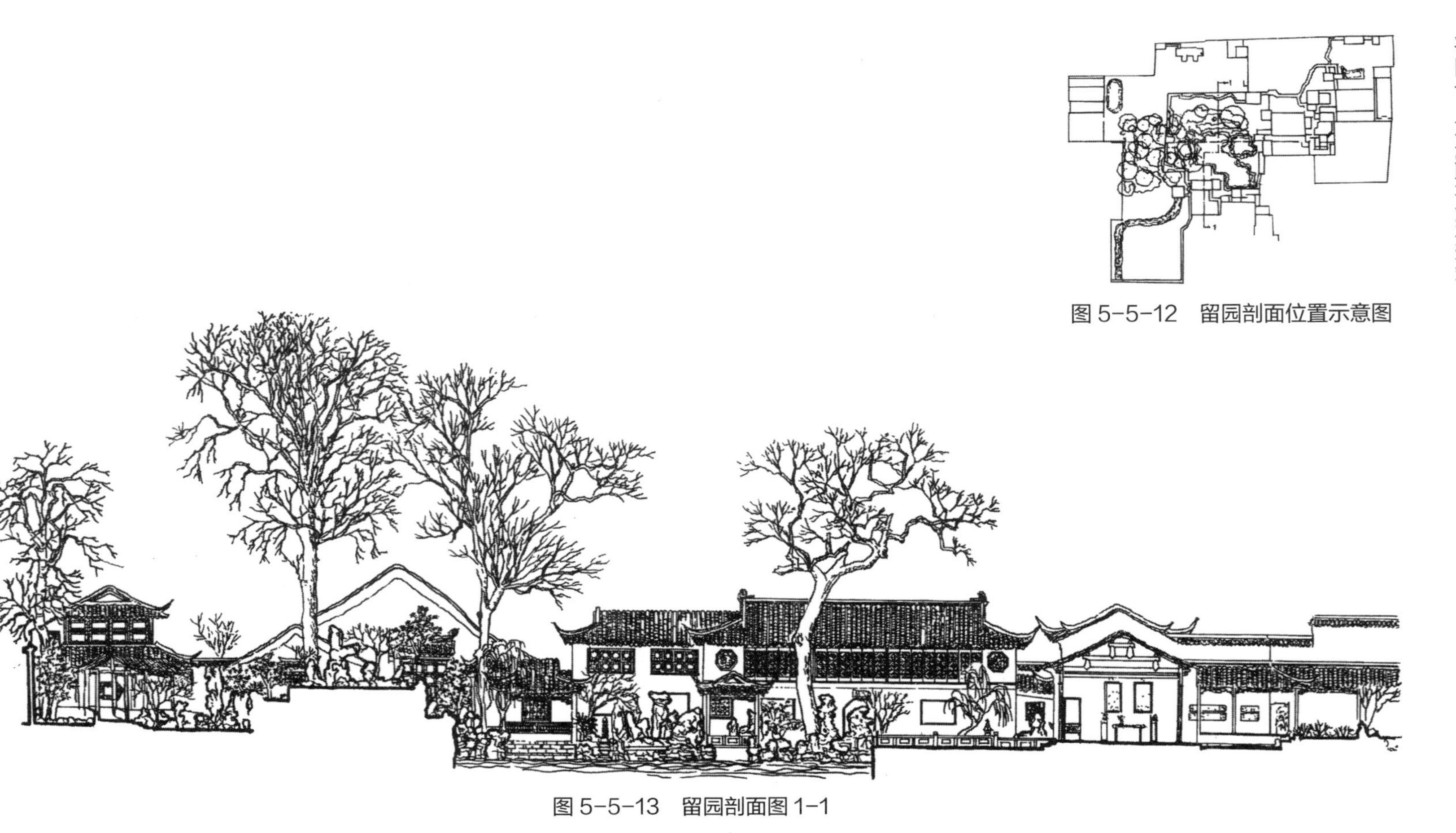

图 5-5-12 留园剖面位置示意图

图 5-5-13 留园剖面图 1-1

留园入口部分封闭、狭长，视野极度收束，通过巧妙的空间序列，起到了引人深入、欲扬先抑的效果。入园门，过轿厅，经曲折幽闭的长廊和两重小院，达古木交柯处逐渐明朗。南面设有小院落可采光，在临墙一侧砌筑了明式六边形花台，台内栽植柏树和山茶，墙面中间镶嵌一块砖匾，上书“古木交柯”，构成一幅耐人寻味的画面，整个空间显得干净利落，疏朗淡雅（图 5-5-14）；通过北面 6 个图案各异的漏窗，可隐约窥见园内山、水、亭、榭，曲廊与园中景色隔而不断。绕出绿荫轩，则豁然开朗，山池、楼阁尽现眼前，显得格外开阔明亮（图 5-5-15）。

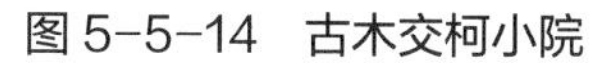

图 5-5-14　古木交柯小院

图 5-5-15　绿荫轩处远眺

明瑟楼与涵碧山房位于中部景区的西南面，连为一体，神似画舫，是主体景区的主要停留点。“明瑟”出自《水经注》：“目对鱼鸟，水木明瑟。”楼为二层半间，单面卷棚歇山式，楼梯设在楼外，由太湖石堆砌而成，石梯旁有一峰，峰上镌刻“一梯云”。涵碧山房之名取自朱熹的诗句“一水方涵碧，千林已变红”，有建筑三间，卷棚硬山式屋顶，建筑北设月台临湖，池水如碧，可见周围山峦林木倒影（图 5-5-16）。沿着涵碧山房西北侧的爬山廊缓登而上，便来到了中部园区最高处的闻木樨香轩，此为一个依廊而建的半亭，因四周遍植桂树而得名，亭内有一排漏窗（图 5-5-17）。

留园中部假山布局具有主山平远、副山高峻之感。植被茂密，假山上有一六角飞檐攒尖亭，名可亭，与山房仅一池之隔，形成南北对景。湖中设岛，名为小蓬莱，似山之余脉延至水中，与平桥划出一小方水面，东侧设濠濮亭，与清风池馆组成一个小景区（图 5-5-18）。湖东岸有曲溪楼，其名出自《尔雅》中的“山渎无所通者曰溪，又注川曰溪”，为外观秀美的两层建筑，单檐歇山式屋顶，粉墙木构，与北邻的西楼形成明快的构图背景，临湖面向涵碧山房和月台的立面。曲溪楼的底楼是一道宽廊，运用移步换景的手法，透过西墙上大大的空窗和洞门，可观赏中部花园的秀丽景色（图 5-5-19）。

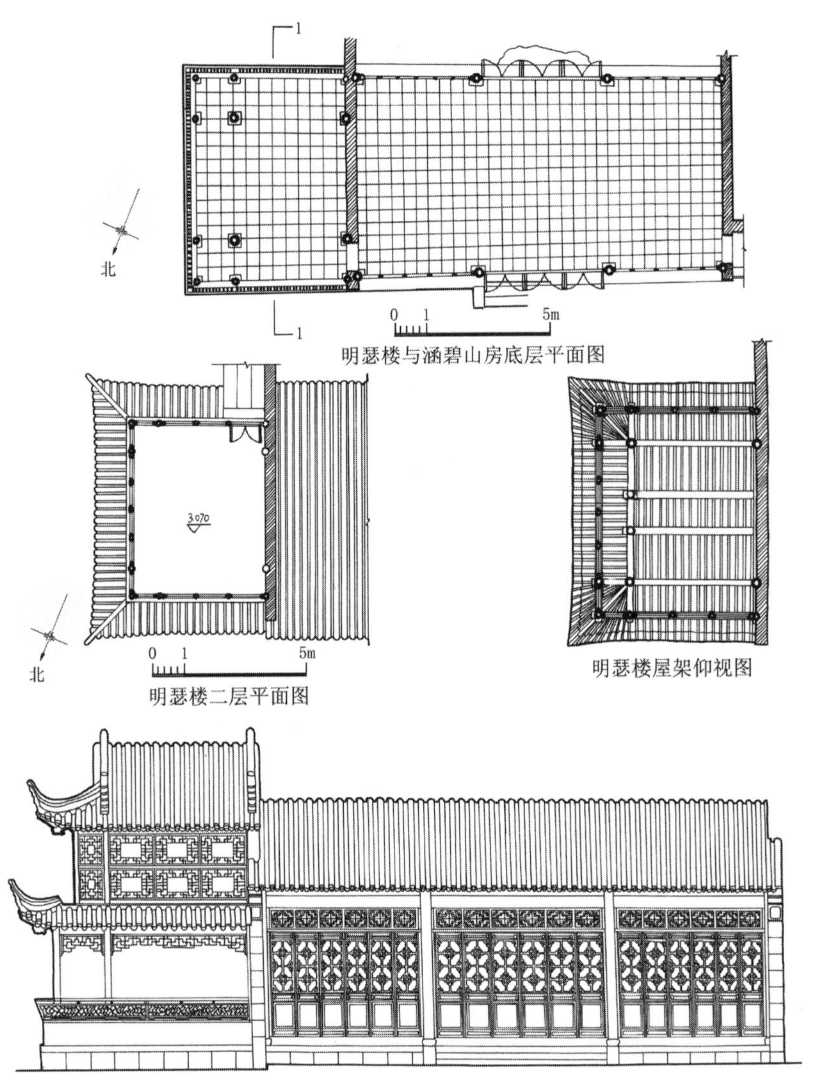

图 5-5-16　明瑟楼与涵碧山房

图 5-5-17　闻木樨香轩

图 5-5-18　濠濮亭

图 5-5-19　曲溪楼

穿过曲溪楼布局紧凑的建筑内部，来到园内主厅五峰仙馆，此为东部景区，原是园主人进行各种享乐活动的地方，以曲院回廊的建筑空间取胜。五峰仙馆华丽、精美，集江南园林厅堂之最，因梁柱均为楠木，故又称楠木厅。厅堂被其后部一排纱槅和屏风分隔成南北两部分，东西墙上各有一列装饰简洁、雅致的窗户，开合很大，可借窗外两个小庭院的景色，拓展厅堂的视觉空间，宽敞而明亮，宏丽而大气（图 5-5-20）。五峰仙馆前后两院皆叠掇假山，正厅前院的大假山写意庐山五老峰，为苏州园林中最大的厅山，馆前踏跺用天然石块叠置，人坐厅中，犹如面对丘壑。

揖峰轩是主体建筑五峰仙馆的附属书屋，建筑西有一湖石，名为独秀峰，轩前庭院称石林小院，为留园中造型精美的园中园、建筑群庭园造景的经典空间。小院长约 15m、宽约 29m，虽不大，但环峰回廊，用围墙和廊、轩分割成大小、形状各异又相互贯通的 6 个单独的院落空间，或置湖石，或立石笋，配以芭蕉、翠竹，形成各式赏石框景，宛若一幅幅构图精巧的立体画卷（图 5-5-21）。

图 5-5-20　五峰仙馆　　图 5-5-21　石林小院

再往东，行至林泉耆硕之馆，厅堂又变得高敞，庭院也开阔起来。建筑为三开间九架屋，单檐歇山式屋顶，一屋两翻轩，是典型的鸳鸯厅。厅北为五界扁作，有雕花，厅南架梁为五界回顶圆作，无雕花（图 5-5-22）。馆北为一水石庭院，庭院中心有水池浣云沼，池南建平台和石栏，池中栽植莲花，池北半岛之外高耸着一块太湖石，名冠云峰，集“瘦、皱、透、漏”于一身，是苏州园林极具代表性的庭院置石。冠云峰周围建有冠云楼、冠云亭、冠云台、待云庵等，均为赏石之所，可谓亭台楼阁全部具备（图 3-2-18）。

图 5-5-22　林泉耆硕之馆

出冠云楼，顺着走廊向西，至北部景区，有高墙圆洞门，上书“又一村”，取自陆游的诗句“山重水复疑无路，柳暗花明又一村”，原配置桃、李、杏、梅、竹林和菜畦，犹若江南山野村庄，富有田园风味，现辟为苏派盆景园（图 5-5-23）。

留园西部以大假山为主景，形成了山林景观，是全园的最高处，大山用土、小山用石，山石相间。在南北长、东西窄的地域内，山势北陡南缓，山体迂回曲折，四角分设登山道，山上建有至乐和舒啸二亭，环境僻静，极富山林野趣（图 5-5-24）。有黄石山涧，自山顶向南蜿蜒至溪边，溪水东端有一处半踞岸、半跨水的水阁，名活泼泼地，与小石桥相映成趣，小憩听风，充满诗情禅意。

图 5-5-23　又一村

图 5-5-24　至乐亭

留园规模较大，建筑数量多，建筑面对山石，山石临近水景，内外空间格外密切。为取得多样的园中景致，采取一系列有变化的建筑空间处理手法，加之园内蜿蜒高低的近 700m 长廊、200 余孔漏窗和众多奇石，构成了有节奏、有韵律、诗情画意的园林空间体系。

## 三、沧浪亭

沧浪亭位于苏州城南。北宋庆历五年（1045 年），集贤院校理苏舜钦遭贬后，流落吴中，见孙园旧址三面皆水，杂花修竹，草木茂盛，不类城市，以四万钱得之，取《楚辞 • 渔夫》中的“沧浪之水”将园林命名为沧浪亭，自号沧浪翁，做《沧浪亭记》，其友欧阳修做《沧浪亭》诗，从此该园随着诗歌的传唱而广为人知，名流千古（图 5-5-25）。

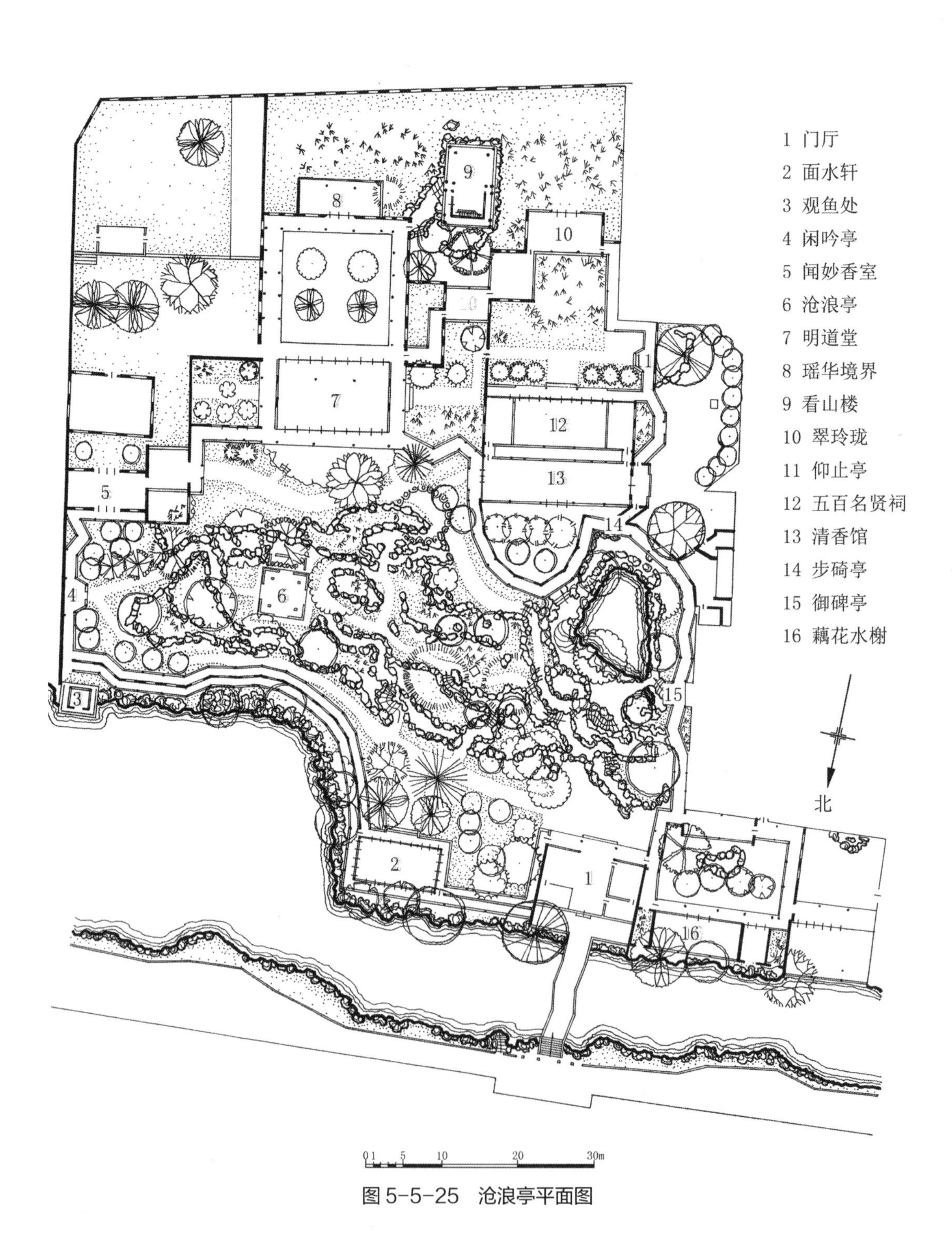


图 5-5-25　沧浪亭平面图

沧浪亭全园布局以山为主，水环园外（图 5-5-26，图 5-5-27）。未入园便可观其景色（图 5-5-28）。在北侧园外，沿廊东北角有一面水轩，东北面水，四周开窗，其名取自杜甫的诗句“层轩皆面水，老树饱风霜”，廊东南可见出挑的观鱼处，观鱼处为一方亭，三面临水，名字来源于庄子与惠子同游于濠梁的典故（图 5-5-29）。这两座建筑均以水为题，外向型建筑布局既做到了借景园外，也体现着沧浪亭的包容性。沿复廊自西向东，透过百余扇漏窗，可窥见园内茂林修竹，由园外借景园内的山林意境，观景之处介于山水之间，园内外景色相互渗透、融融共生，可谓借景佳例（图 5-5-30）。沧浪亭多设漏窗，纹饰各异，造型优美，无一重复，计有108 式，分布于园墙、廊墙之上，起到了借景、漏景、隔景、引景、障景之用，可谓一大特色。

自大门进入方可见山阜真容。小山立于园北侧，为东西朝向，中间高、两侧低，呈如意状，以土山为主，周围以石固脚护坡。东段黄石较多，为早期叠置，西段在晚期有些许湖石增补。山上遍植花木，乔木葱翠，竹叶婆娑，银杏、黄杨老根错综，苏舜钦以“杂花修竹”“左右林木相亏蔽”“仰视乔木皆苍”等来形容沧浪亭的古木苍秀。沧浪亭的山林野趣在苏州园林中首屈一指。山中有石径蹬道，拾级而上，可见沧浪亭坐落山之东首，其间湖石林立，花木丛生，犹如置身真山之中（图 5-5-31）。山两侧的石板桥下涧溪流水，可引湍入山下小池。山脚西南侧有一潭小池，仅 90$m^2$，面积不大但显深邃，有幽深、宁静之感，与山形成势态上的鲜明对比，呈现出山水相依的效果。

通过西侧的曲廊和御碑亭，可观沧浪亭的水中倒影，曲廊上布置精美的花窗，水面上的倒影与水旁垂柳遥相呼应，更具风雅韵味。秋季，水旁梧桐叶黄、丹桂飘香，也是一派古朴典雅的景象。西侧御碑亭中有康熙御笔碑刻，在此，除观水景之外也可观山景。与其相对的是东侧的六角半亭，亦有御碑刻石，为乾隆于乾隆十二年（1747 年）书，此地也是观山景的佳处。南侧曲廊随形就势，环绕园山，连通明道堂、清香馆等建筑。

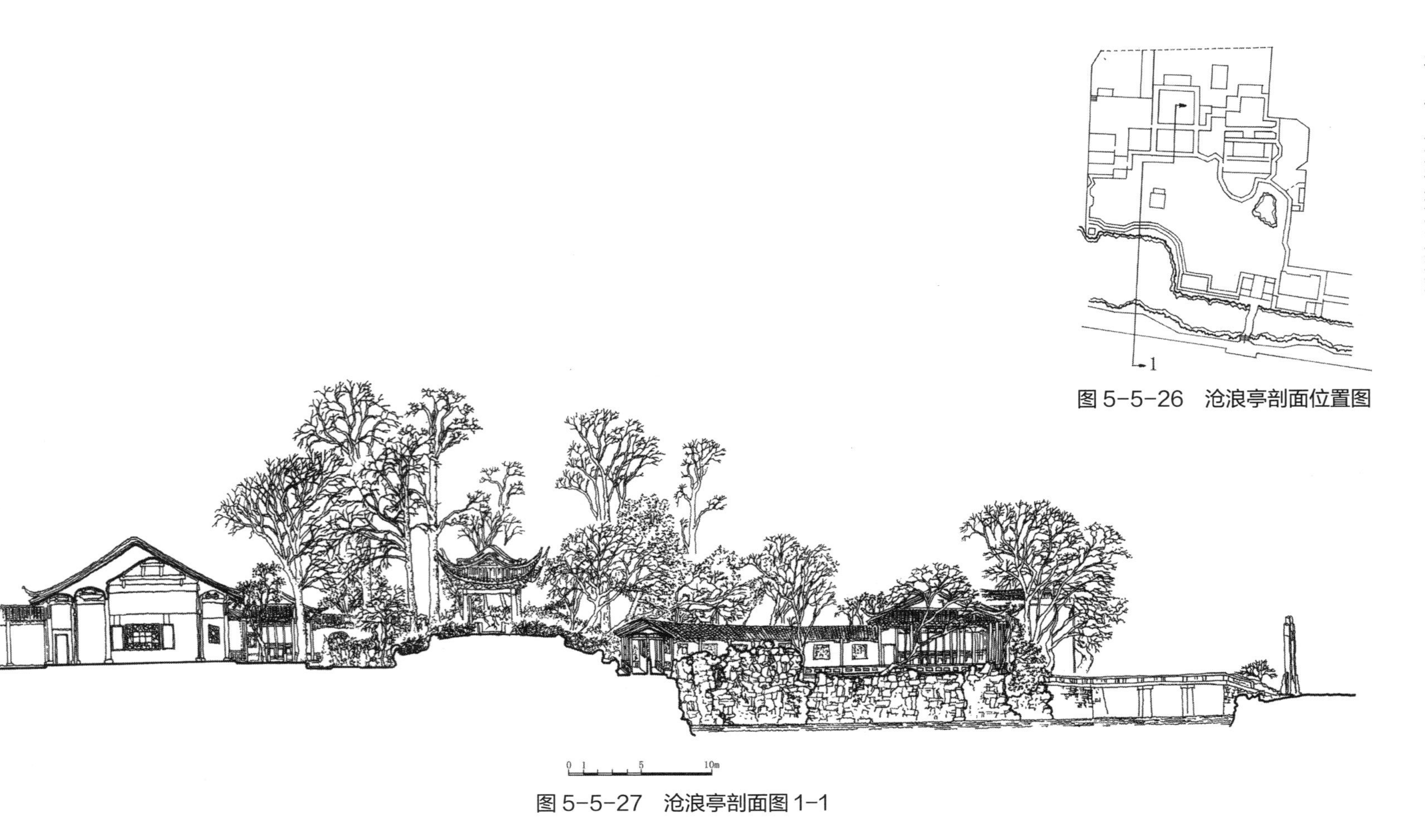


图 5-5-26　沧浪亭剖面位置图

图 5-5-27　沧浪亭剖面图 1-1

图 5-5-28　沧浪亭借水

图 5-5-29　沧浪亭观鱼处

图 5-5-30　沧浪亭复廊

图 5-5-31　沧浪亭

沧浪亭的建筑多分布于园南，明道堂为全园的主厅，坐北朝南，四面开敞，绕以轩廊。其北侧开敞，筑有台，可观山景；其后方左右各有连廊，连接南侧瑶华境界，形成小院，植两株梅、两株梧桐，简单清爽。清香馆与五百名贤祠位于明道堂西侧，中间以小天井分隔，清香馆北侧植桂花，清香四溢；五百名贤祠陈列着与苏州市相关的名人刻像，作为敬仰先贤的场所。仰止亭位于五百名贤祠天井之西，为一座连廊的半亭，坐西朝东，亭名取自《诗经·小雅》中的“高山仰止，景行行止”，其内有乾隆御笔的《文徵明小像诗》刻碑。园南高处建有看山楼，因明道堂、五百名贤祠屏蔽了视线，此处成为全园登高远眺山景的佳地，楼下有一幽深僻静的石室，名为印心石屋，室内陈设均为石制，别出心裁。石室西北侧则为翠玲珑，以竹林环绕，取“日光穿竹翠玲珑”之意，此处可见日光竹影对应成趣。从此处沿廊向北折过御碑亭便可出园门。

沧浪亭具有宋代写意山水的造园风格，建筑简洁、古朴，漏窗图案精美，形态各异，极具特色；复廊左右山水相称，两侧行游意味有别，更为有趣，为其后各园竞相效仿的对象。因几经易主，园林由水在园中变为水借园外，性质也由私园、寺园转变为祠园，虽相较于宋时面貌大相径庭，但饱经沧桑的沧浪亭更具韵味。园内古树本固枝荣，虬曲苍劲，山阜野趣也得益于此，沉浸式的朴实典雅的山林气息，在苏州诸园中依旧彰显着它别致的风格，乃江南造园中山林野趣之典范。

### 四、个园

个园为扬州著名的私家住宅园林，位于扬州市广陵区东北隅，占地面积 0.6hm$^2$，建于明代，前身为寿芝园，清初为盐商马日绾、马日璐兄弟的小玲珑山馆。嘉庆二十三年（1818 年），由两淮盐业商总黄至筠改建，奠定了全园风貌。取“筠”字中的竹，而“个”字形似竹叶，竹有正直高雅的寓意，正如东坡先生笔下的诗句“宁可食无肉，不可居无竹”，所以园名为个园，是清代盐商园林中的代表作品（图 5-5-32）。

个园作为园主黄至筠的私家园林，可分为南中北三个区域，南为住宅，中为庭园，北为竹林。黄氏宅第主体建筑位于南部住宅区，分别为东路、中路、西路三路建筑，以火巷相隔，火巷宽窄根据每路建筑的主要功能而有所区别。东路建筑分为三进，主要为管家与仆人办事、居住的场所；中路建筑也可分为三进，主要为园主待客会友的场所；西路建筑最为精致，亦分三进，主要为园主与家眷居住的场所。园内最为著名的是四季假山，分别对应春、夏、秋、冬四个季节，采用笋石、太湖石、黄石、宣石四类不同质地的石料营造景到随机、师法自然的四季之景。假山之景分布于园内，形成观景游线。

春山宜游。春山作为园景的开幕，位于园入口处。月洞门将园景隐于门内，门前石额上为个园二字，门侧数株修竹傲然挺立。山石如雨后之笋，好似碧竹一般向上而生，极显生机盎然之意。粉墙黛瓦，碧竹笋石，色彩相宜。漏窗端庄对称，置于月洞门两侧，园景半遮半露，极显文人风雅。“一段好春不忍藏，最是含情带雨竹”，园主以春景作为游线的开端，以石点景，借物、景巧妙表达出时光易逝、惜时如金之意。入园门可见竹石春景，山石姿态各异，状若十二生肖，有争先报春之意。花坛与湖石相接，花坛内植数株桂花，还有湖石点缀其间（图 5-5-33）。

宜雨轩是一座四面厅，位于园内水池南侧，周围种植数株桂花，作为园主接待宾客的场所。建筑面阔三间，外设回廊。其空间开敞，四面通透，装饰精美，景色秀丽，坐于轩内可尽观园中美景。

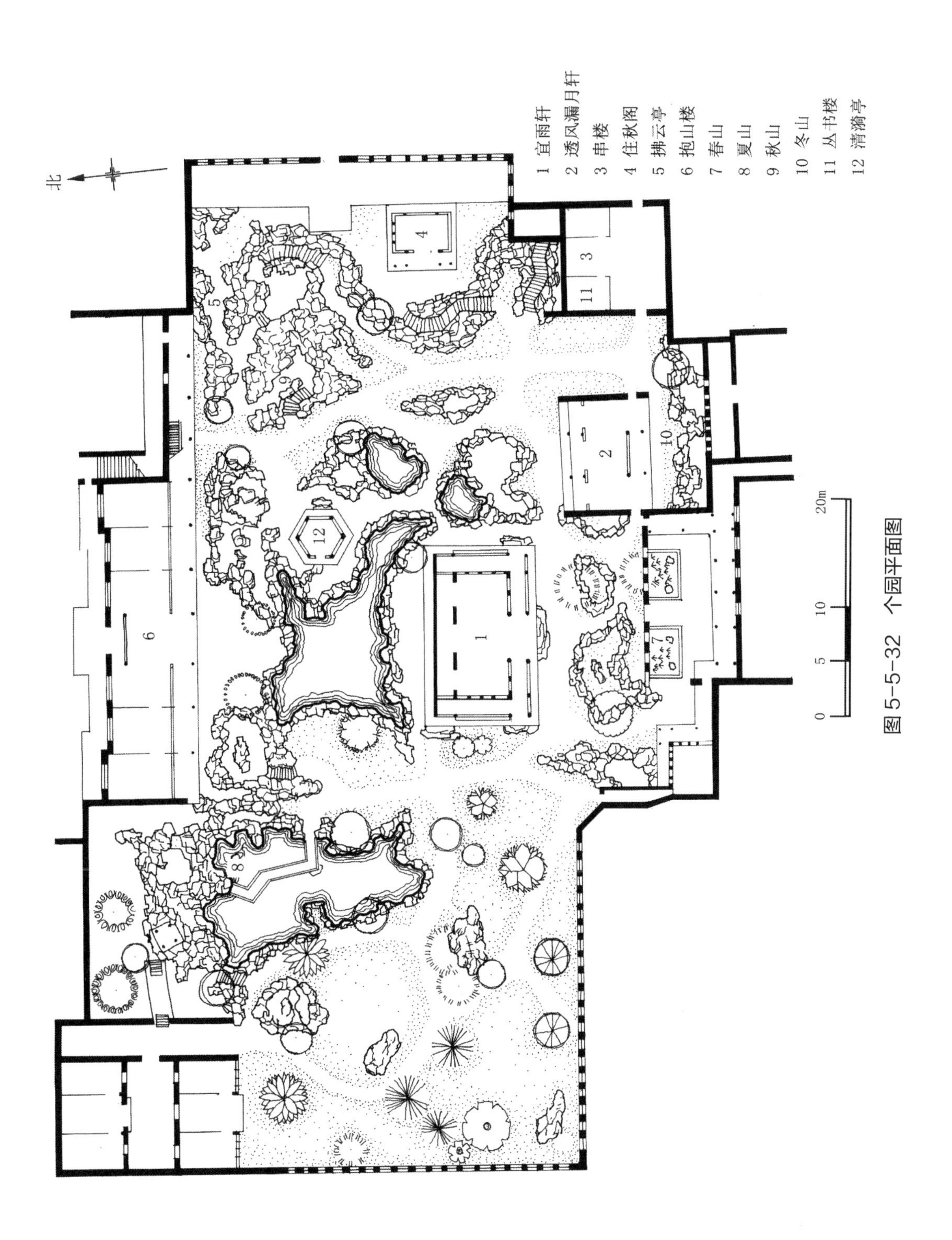
北
1 宜雨轩
2 透风漏月轩
3 串楼
4 住秋阁
5 拂云亭
6 抱山楼
7 春山
8 夏山
9 秋山
10 冬山
11 丛书楼
12 清漪亭
0
5
10
20m

图 5-5-32　个园平面图

图 5-5-33 个园春山

夏山宜看。夏山位于园内西北处，依水而建，临池而立。湖石色泽以灰白色为主，山石表面孔洞繁密、多棱角，具有飘逸洒脱之美。山顶建小亭，名为鹤亭，植有松柏，寓意松鹤延年。假山洞穴幽谷、飞瀑巧亭。高超精湛的叠石手法借太湖石“瘦、皱、透、漏”的特点，呈现出假山造型变化之美。山前一泓清潭，设有曲桥和幽深洞口，可登步通往山顶。水衬山之雄奇，山衬水之秀丽。池内有两大奇石，充分体现了湖石的艺术观赏性。池塘藕荷飘香，四周古树浓荫，颇有一番夏日池畔清凉的景象（图 5-5-34）。

图 5-5-34 个园夏山

抱山楼是园内的主体建筑，位于园内北侧。其体量高大，面阔七开间，共两层。楼前长廊横跨两山，有数条山径与长廊相通。抱山楼位于两山之间，仿若将夏、秋两山拥入怀中，故得此名。假山堆叠巧夺天工，建筑气势雄伟，两者相得益彰。整体布局匠心独具，自楼上可凭栏远眺，景色如诗如画（图 5-5-35）。

图 5-5-35 个园抱山楼

抱山楼前有一座六角小亭，名为清漪亭。亭轻盈通透，背设美人靠，是观景、游憩的好去处。坐于亭中，园内碧水荡漾、景色开阔，令人心旷神怡，周边碧水环绕，湖石洒脱飘逸，为园内更添几分景致。

秋山宜登。秋山位于园东北处，是全园制高点，同时也是游线的最精彩之处。远观山体参差错落，峻岭高耸，重峦叠嶂，攀登假山有亲历真山之趣。蹬道崎岖迂回，石室幽深，光线自室外透过，宛若置身于深山林洞之中。住秋阁建于山顶，阁内三面通透，背依墙垣，装饰精美，可供人小憩。攀登于假山之上，可观秋山美景，借园外瘦西湖、蜀冈之景，有朝夕共秋色之意。山间古柏丹枫，蹬道相连，山阁与黄石假山相映衬，颇有丹枫迎秋、层林尽染之意。丛书楼与山径相通，欲要上楼，必先攀登险山，有“书山有路勤为径”之意。建筑分为上下两层，位于园内东南角落，西邻透风漏月轩，环境清幽雅致，是读书的场所（图 5-5-36）。

图 5-5-36 个园秋山

透风漏月轩位于园东南处，与冬山相对，春景相邻，原为两轩，后黄至筠改为一轩，是欣赏山石、碧水、明月的场所。建筑为硬山顶的方厅，是仿北京的建筑形式而建。相比于苏州传统园林建筑，其建筑屋角起翘幅度不大，建筑略显厚重。

冬山宜居。冬山位于园东南角落，是游线的闭幕处。山体采用宣石依墙堆叠，色泽以白色为主，又称为雪石。园主借风吹南墙音洞，营造凛冽寒风的声景，透过圆形窗洞隐见春景，好似传递冬去春又回、周而复始之意。地面采用白石碎铺，形状犹如落地积雪。山石状似雪狮，活灵活现地展示了冬日舞狮的场景，雪狮们姿态各不相同，山前植有蜡梅、南天竺，凌寒傲放、暗香浮动。粉墙、山石、铺地、植物互相呼应，展示了冬山寒冷却尽显生机喜悦的氛围。冬山虽无夏山的玲珑、秋山的险峻，却以色、形、音三个方面，形象地展现了冬日景象（图 5-5-37）。

图 5-5-37 个园冬山

个园有两大特色。一是园内无地不栽竹，园主黄至筠偏爱竹，园内遍植翠竹，种类繁多，个园展示出园主独特的意趣风格。万竹园是园内的赏竹佳地，位于园内北部。园内近百种竹类，上万竿碧竹，有形态与色彩之分。行走其中，可品竹林之美，听风吹叶摇之音。二是闻名于世的四季假山，山体堆叠尤为灵巧，别具特色，被陈从周先生誉为“国内孤例”。

### 五、寄畅园

寄畅园始建于明代，初为文学家秦金的私园，名为凤谷行窝，后由秦氏子侄数次重建。清咸丰年间，寄畅园多数建筑毁于战火。1952 年，秦氏后裔将寄畅园献给国家，无锡市人民政府对其进行修复，恢复了寄畅园全盛时期的园林景观（图 5-5-38）。

图 5-5-38　寄畅园平面图

寄畅园的空间序列布置多与其观赏线路的组织形式相关。彭一刚院士在《中国古典园林分析》一书中指出，园林的观赏路线可分为环形式、贯穿式、辐射式及综合式四类，依照不同的观赏线路和园林面积之大小，相应的也会产生多类空间组织形式。寄畅园的观赏线路为典型的环形式，各空间布局围绕中心水池锦汇漪展开，自南门进至门厅入双孝祠，空间呈收束状，视野较为局限，出祠堂可向西至含贞斋前（图 5-5-39），也可东行至卧云堂，弃东向西为一开阔庭院，在院内向北而望即为园内土阜假山，山石叠嶂，满目葱郁，视野得以释放。继续向北，至全园最高点九狮台，拾级而上，举目远望，全园景色一览无余，至此到达全园空间第一个高潮，视野由入园的收束、释放，到达真正的开朗，是空间欲扬先抑的典型处理手法。

图 5-5-39　寄畅园祠堂

下九狮台向北，即登园西土阜假山，山上古木苍翠，花木繁盛，空间再次收束，视线也被阻隔。踱步山林，颇有“蝉噪林逾静，鸟鸣山更幽”的意境。继续北行即听山林间溪水潺潺，可见一逶迤绵延的溪流，顺山势而下汇入锦汇漪，是为八音涧。顺溪流方向可达鹤步滩，至此突觉视野豁然开朗，锦汇漪开阔明朗的水面映入眼帘，空间又达高潮。从鹤步滩沿池边蜿蜒小路继续向北到达嘉树堂，于堂前向东眺望，锦汇漪为前景，中景鹤步滩古木掩映，远景借锡山龙光塔，此处是全园最佳观景驻点。自嘉树堂踏过七星桥至寒碧亭，继而南行到园东门清响，继续向南可至知鱼槛。知鱼槛坐东向西，与鹤步滩隔水相望，互为对景。从知鱼槛西望，鹤步滩为前景，西部山阜为背景，空间层次丰富，近水远山，景色俱佳。至此便达到全园景点最后一个高潮部分，此后逐步归为尾声。自鹤步滩沿湖南行经郁盘继续向西行，逐步回到南入口处完成一次完整的循环。

另外一条线路则与此路线不尽相同。此路线采用的是欲扬先抑的空间处理手法，另一条则是开门见山式。东门是建园之初的园门，20 世纪 50 年代因街道扩宽，在园东划出了 7m 作为街道，现改筑园门，逼近主景，大不如其原有格局。

寄畅园空间序列之构成，给人以丰富而极具趣味的体验，空间时明时暗，开合有序，其丰富的空间组织得益于精妙的山水格局。

寄畅园以水为中心，以山为重点，山水组合构成全园空间骨架，顺应原有地形起伏，山水格局便是其最具特色之处。《园冶》中有言“高阜可培，低方宜挖”，秦瀚在建园之初便利用其天然的地形优势，于园东侧凿池造景，水景呈湖泊状，南北向舒展而开，湖西借原有山阜堆叠土山，山上配以置石点缀，山水相依，构成全园骨架。山中辟蜿蜒沟壑，以黄石叠砌而成，引泉其中，水声淙淙，似音律悦耳，故名悬淙，后改名八音涧（图 5-5-40）。八音涧从山上汇入锦汇漪，动静结合，相得益彰。

锦汇漪水面呈带状，南北长而东西窄，中部知鱼槛与鹤步滩相对成景，对水面起到收束作用，似隔非隔，恰到好处。北部七星桥跨东西两岸，以廊桥收尾，北面水域被划分为 4 个层次，以知鱼槛和鹤步滩为界的南面水域则开阔明朗，没有过多分割，传承了中国古典园林理水艺术中“大水宜分，小水宜聚”的手法（图 5-5-41）。

图 5-5-40 寄畅园八音涧

图 5-5-41 寄畅园锦汇漪和嘉树堂

园内山阜虽由人工堆叠而成，但却巧妙地以山借山，与园外惠山似成一脉，在有限的空间中创造出了无限的景深效果。池岸石矶散落布置，与假山自然衔接，山环水抱，互为映衬，成就了全园半山半水、山水相依的格局，其山水格局之所以为人津津乐道，也得益于其巧妙的借景手笔。

《园冶》有言："夫借景，林园之最要者也。"借景可扩展园林空间，营造无限的景深效果。寄畅园内的假山虽由人工堆叠而成，却巧妙地以山借山，与园外的惠山似一脉相连，既遮挡了园墙，消除了人工痕迹，又与真山形成视觉上的贯通，加之锦汇漪池岸石矶散落，与假山自然衔接，山环水抱，互为映衬，成就了全园半山半水、山水相依的格局。

"夫借景，园林之最要者也"，借景可扩展园内空间使其具有超越空间限制从而实现无限景深的效果。寄畅园选址山林地，具有天然的借景优势，是"因地制宜，巧于因借"的最佳体现。要借园外景色入园就要设置观景停留点，园内嘉树堂无疑是全园观景视线最为精妙之处，站在嘉树堂前远眺，锡山龙光塔与园内水景、花木形成前景与背景，浑然天成。第二个最佳观景驻点即为池东岸知鱼槛（图 5-5-42），站在知鱼槛西望，形成近景鹤步滩、中景园内土阜假山、远景惠山的错落有致的景观效果，是造园借景的巧妙手法。

图 5-5-42　寄畅园知鱼槛

寄畅园以山水取胜，但其建筑布局、植物栽植也具有较高艺术手法。寄畅园建筑排布依照锦汇漪南北向布置，建筑疏朗，大型建筑多布置在园南侧，是为招待宾朋之用，小型建筑临水而建，以小衬大，凸显水面开阔之势，不至于喧宾夺主。主体建筑嘉树堂布置于全园最深处，树木掩映，不会显得突兀，植物、建筑在水面形成倒影，更具深远意境。

植物栽植依据各景点之营造予以搭配，如"鹤步滩"便以两株枫杨斜向伸出水面而见长。风吹波浪起伏，树影婆娑、波光粼粼，颇有"坐石忘收钓，临流爱濯缨”的意境。植物贯通全园，与造园各要素相互配合成景。

寄畅园数百年来饱经风霜，虽经多次改造，部分建筑、花木遭破坏，但其林壑幽深、古朴自然的山水景观格局得以保留，园虽为人工构筑，但却似天然成就。游于园中，仿佛置身山林，是以“虽由人作，宛自天开”之最佳印证，集江南古典园林之精髓，为造园之典范。

## 六、瞻园

瞻园位于南京市秦淮区瞻园路，曾是明代开国功臣徐达府邸的一部分，是南京现存历史最久的明代古典园林，被称为“金陵第一园”。瞻园占地面积约 2.5hm$^2$，园内古木交错、山石叠嶂，颇具自然野趣，园名取意于“瞻望玉堂，如在天上”。清代，瞻园是历任江南布政使办公的地方，乾隆皇帝两次南巡皆莅临此园，曾御笔亲题“瞻园”匾额，回京后又于圆明园之长春园中仿建“如园”，令瞻园声名更盛。太平天国时期，瞻园毁于战火，后虽两次整修，但终日渐荒芜，直至 20 世纪 60 年代，由著名古建专家刘敦桢教授主持整建。修整后的瞻园整体格局旷奥疏朗，山石清雅，原野意境甚佳（图 5-5-43）。

全园以静妙堂为核心主景，堂北保留了较多的明代遗存，堂南空间较小，但却倚就小空间之势造就了精妙的山池景象。瞻园以其出色的山水关系而著称，全园分北部景区、南部景区、东部景区，各景区具有鲜明的景象特征。

山池景区作为全园主景区，极大程度上保留了园之旧貌，园北向为大水面，偏南为静妙堂前，该空间较为空旷开放，逼仄的水面呈现出了较为罕见的湖水拍岸的效果，此种做法在江南古典园林中并不多见。瞻园全园有南、北、西三座假山，北部山石均以太湖石叠筑而成，整体仍然呈现明代之风貌（图 5-5-44，图 5-5-45）。

瞻园山水关系处理极为精妙，对于山水相接之处，巧妙依石壁的小径与水缠绵相接，石矶漫没在水中，再现了山林野趣，丰富了岸线的景象层次。有诗描写瞻园之景“醉指仙峰群鹤绕，倚云笑览夕阳花”，以此得见瞻园雅致的天然风貌。西部假山是全园的最高点，南部假山为土石假山，此为刘敦桢先生悉心主持叠筑，假山峰峦叠嶂，成为静妙堂的一个主要观景点。还利用各类景象的象征意义取法自然。

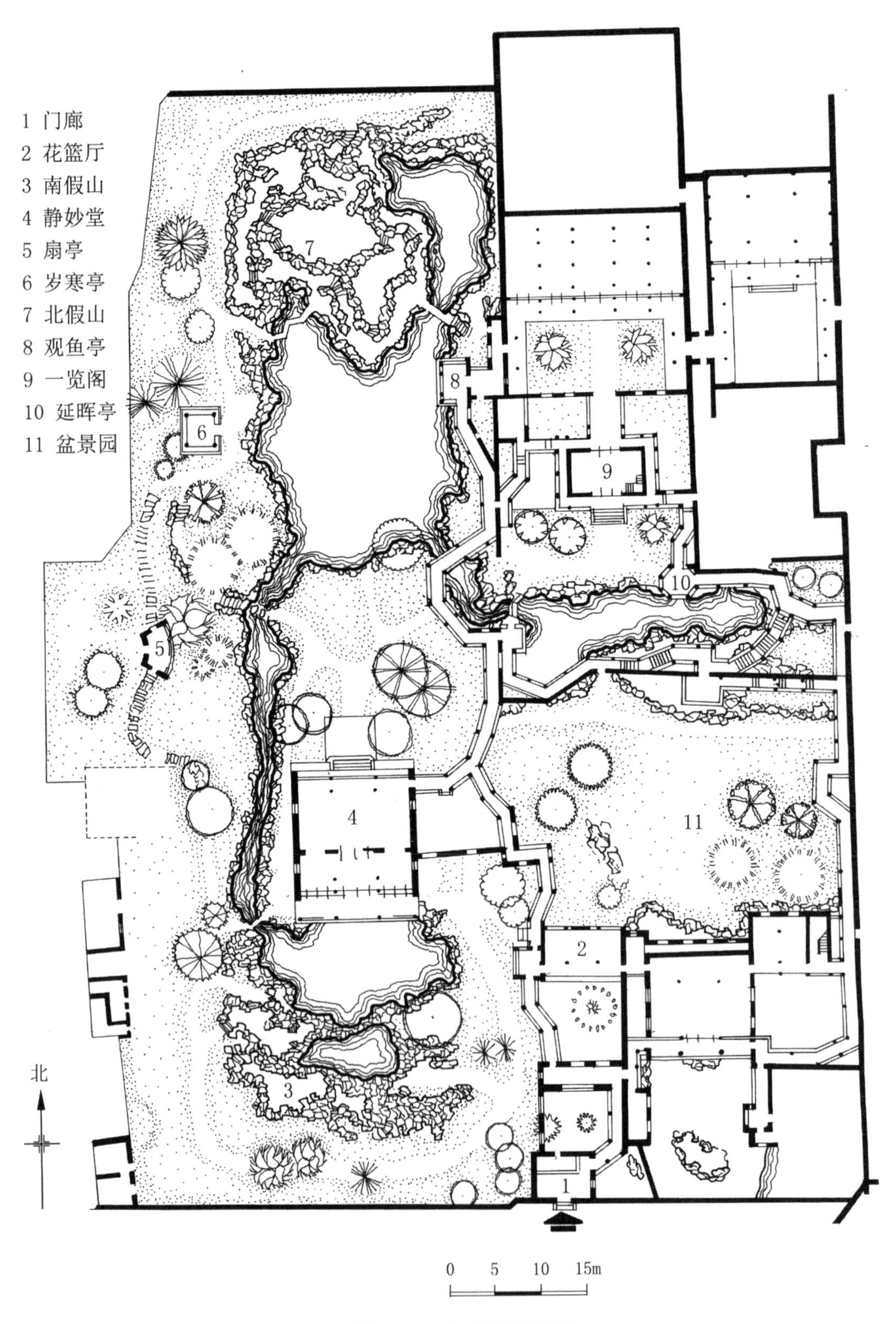
1 门廊
2 花篮厅
3 南假山
4 静妙堂
5 扇亭
6 岁寒亭
7 北假山
8 观鱼亭
9 一览阁
10 延晖亭
11 盆景园
1
2
3
4
5
6
7
8
9
10
11
北
0 5 10 15m

图 5-5-43　瞻园平面图

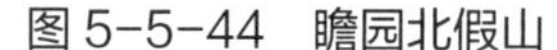
图 5-5-44　瞻园北假山

图 5-5-45　瞻园南假山

瞻园的北部水面较为开阔，水池明朗旷奥，碧波荡漾，岸边山林、建筑交相辉映，景象效果极为丰富。水池于西北角跨一四折平板桥，尽端掩映于桥与山石之间，扩展了水面，也丰富了景象层次。池东北角又架一孔平桥，使得逶迤狭长的水面被分出一池清幽静谧的小水面。南部水池整体呈溪流状，曲折蜿蜒，更具山林野趣（图 5-5-46）。

图 5-5-46　瞻园延晖亭曲水

静妙堂是园内主体建筑，也是全园观景之最佳驻点，分隔了南北空间，静妙堂南侧水池整体呈葫芦状，中间以山石分割。于静妙堂南望，水面开阔静谧，池南岸山石嶙峋、古木掩映，景色绝佳。静妙堂北侧水池并未与建筑相接，从建筑北望，视线穿过一片较为开敞的草地，北水池开阔明朗之势尽收眼底，池北假山蹬道野趣横生、花木葱郁。静妙堂南北景色虽皆以水景为主，却呈现出不同的景象效果，造景的巧妙手法也与鸳鸯厅南北相异的建筑特征相得益彰。

园西部景区为自然的山林地，地势南北狭长、舒展而开，以土山为主，山上广泛种植花木，扇面小亭岁寒亭于花木间掩映，整体建筑疏朗，仅一二小亭，其余皆为山林风貌，山林间设一逶迤小路，连接南北景点。在临湖一侧叠筑湖石假山，形成水岸与山地之界线，以自然山石点置，配以古木花草，交错相映却不显突兀造作。

静妙堂东部有一南北向的长廊，可连接园内各景点。东部景区多以大小不一的建筑院落组织而成，园入口便设于此处。隐逸思想始终是江南园林建造滥觞，因此园入口的设置也秉承这一思想，设于隐蔽之处。入院随曲廊踱步向前，园内胜景层层展开，空间由暗至明，是欲扬先抑手法之精湛运用。南部于静妙堂前设一开敞草地，是后期改建产物，并非园内初始格局。

瞻园之景虽具有江南园林的特点，却也在众多的江南园林中仍可见其独具一格之处；早期的瞻园更具明代园林清雅古朴、简洁明朗之势，但却不幸遭损毁，后期在刘敦桢先生的指导修筑之下，整体格局在旧园的基础上又添许多别致景象，园林整体仍然延续了江南园林古朴典雅、追求山林意趣的造园理念。

# 参 考 文 献


［1］刘敦桢．苏州古典园林［M］．北京：中国建筑工业出版社，1979.

［2］杨鸿勋．江南园林论［M］．北京：中国建筑工业出版社，2011.

［3］苏州民族建筑学会．苏州古典园林营造录［M］．北京：中国建筑工业出版社，2003.

［4］王其钧．中国园林图解词典［M］．北京：机械工业出版社，2007.

［5］彭一刚．中国古典园林分析［M］．北京：中国建筑工业出版社，1986.

［6］童隽．江南园林志［M］．2版．北京：中国建筑工业出版社，2018.

［7］朱建宁．西方园林史：19世纪之前［M］．北京：中国林业出版社，2008.

［8］苏州园林设计院有限公司．苏州园林［M］．北京：中国建筑工业出版社，2010.

［9］周维权．中国古典园林史［M］．3版．北京：清华大学出版社，2008.

［10］曹林娣．江南园林史论［M］．上海：上海古籍出版社，2016.

［11］魏嘉瓒．苏州古典园林史［M］．上海：上海三联书店，2005.

［12］魏嘉瓒．苏州历代园林录［M］．北京：北京燕山出版社，1992.

# 后　　记

中国传统园林是中国传统文化艺术的荟萃和典范，并与政治、经济和社会的发展密切相关。近代以来，西学东渐的现代性变革致使传统园林的生存环境堪忧。20 世纪 30 年代童寯在《江南园林志》一书中谈及“造园之艺，已随其他国粹渐归淘汰。自水泥推广，而铺地叠山，石多假造。自玻璃普遍，而菱花柳叶，不入装折……盖清咸、同，园林久未恢复之元气，至是而有根本减绝之虞。”在这种忧患意识下，近百年来众多中国学者对于中国传统园林遗存研究和史料梳理论著丰硕，出现了《苏州古典园林》《说园》《园冶注释》《中国古代园林史》《江南园林论》《中国古典园林史》等奠基之作，中国古典园林史论在国内外风景园林期刊上也成为经久不衰的主题。20 世纪末以来，随着中国全球影响力的提升和文化自信的增强，国内古典造园和海外中国园林营造景象繁荣，涌现出明轩、逸园、曾赵园、小筑春深等经典之作。

相对于园林历史研究和当代造园的繁盛，传统园林设计教育却面临诸多难题。例如，传统园林集谋划和建造于一体，而当代景观营造则是设计与施工相分离，过程迥异；又如，传统园林营造所需的知识极广，从文学艺术至结构工程皆有，而目前的专业化训练难以在有限的课时中去粗取精、融会贯通。因而，当前涉及传统园林的专业教材，侧重古典园林史的版本极多，而侧重传统园林营造者却寥寥无几。

江南一带，园林遗存众多、史料丰富、造园技艺发达，园林研究的论著颇丰。基于此，我们编撰了《传统园林设计概论》一书，以期略解当前传统园林教学中基础教材缺乏之窘境。

本书第一、二章由付喜娥编撰，第三章由余慧编撰，第四章由钱达编撰，第五章由付喜娥、钱达、余慧、李畅编撰。付喜娥和本科生江亦平、黄春燕同学负责图纸绘制工作，研究生黄晓惠、赵聪聪、钱禹尧同学参与了部分示意图绘制工作。



教材在编写过程中亦得到了诸多帮助，感谢夏健、赵晓龙等老师的大力支持。

最后，由于传统园林设计体系复杂且涉猎广泛，编撰团队自身的能力有限，如有错漏和值得商榷之处，恳请诸位同仁和同学不吝赐教，提出宝贵意见，以待后续修正。

《传统园林设计概论》编写组

2022年8月28日